수산식품화학

구재근 저

BIOSCIENCE
(주)바이오사이언스출판

저자 약력

구재근
군산대학교 식품생명공학과 교수

수산식품화학

인쇄일 | 2011년 3월 25일
발행일 | 2011년 3월 31일
저 자 | 구재근
발행처 | (주)바이오사이언스출판
발행인 | 문정구
등록번호 | 제22-3079호
주 소 | 137-060 서울시 서초구 방배동 479-4 호산B/D 201호
전 화 | TEL: (02)581-4057~8 FAX: (02)581-4059
Homepage: http://www.biobooks.co.kr
E-mail: bioscience06@hanmail.net

※ 낙장 및 파본은 교환하여 드립니다.

값 8,000원

978-89-92709-45-3
93570

머리말

이 책은 학부 학생들에게 수산식품화학의 개요를 1학기 동안 강의하기 위해 간략히 정리한 교재이다. 식품화학과 중복되는 분야는 생략하거나 간략히 다루었다.

책을 쓰면서 저자 자신을 되돌아보고, 반성할 수 있었던 여러 면에서 본인에게도 도움이 많이 된 책이다. 저자의 무지와 게으름으로 인한 부족한 부분은 차후에 보완할 예정이다.

이 책을 쓰면서 참고한 여러 귀중한 자료의 저자들과 고 이응호 스승님께 깊이 감사드립니다. 또한 자료 정리하는데 도움을 준 유리, 동우와 군산대학교 수산가공연구실의 안세라 학생외 연구실 학생에게 감사하는 바입니다

2011년 3월

저자 씀

목차

제 8장 해조 화학

제 1 장 어패류의 일반 성분

1 어패류의 일반 성분

어패류에는 수분이 60 ~ 85%, 단백질 15 ~ 25%, 회분 1 ~ 2%, 지질은 1 ~ 20% 정도 함유되어 있다. 이들 성분은 어패류의 종에 따라 달라지며 또한 부위와 계절에 따라서도 달라진다(표 1-1).

표 1-1 어류 필렛의 일반성분 함량(%)

성분	최소	보통	최대
단백질	6	16~21	28
지질	0.1	0.2~25	67
탄수화물	-	〈0.5	-
회분	0.4	1.2~1.5	-
수분	28	66~81	96

가. 수분

식품 속의 수분은 일반적으로 105℃로 가열하여 증발된 수분 함량으로 나타낸다. 어종에 따라 달라지지만 어획시기에 따라서도 수분 함량이 달라지는데 특히 지방과 수분 함량은 밀접한 관련이 있다. 지방이 많으면 수분이 적고, 지방 함량이 적으면 수분 함량이 높아 지방과 수분의 합한 량이 대체로 80% 정도이다(표 1-3, 1-4, 1-5).

나. 단백질

단백질은 어패류에 15 ~ 25% 정도 함유되어 있다. 일반 성분 분석 시 단백질 분석은 대부분 시료 속의 총 질소 함량을 구한 후 단백 계수 6.25를 곱하여 조 단백질 함량을 나타낸다. 따라서 조 단백질에는 순 단백질 뿐 아니라 비단백태 질소 화합물이 포함되어 있다. 특히 비단백태 질소 함량이 높은 갑각류 및 상어 등의 판새류(板鰓類)는 조 단백질 중 순 단백질의 비율이 낮다(표 1-2).

표 1-2 어패류 근육의 조단백질과 순단백질 함량

종류	조단백질	순단백질	(순단백/조단백, %)
돌가자미	22.3	19.9	89.2
가다랑어	25.3	20.6	81.4
명태	18.9	16.5	87.3
별상어	21.1	14.2	67.3
방어	22.6	20.1	88.9
전갱이	19.1	17.3	90.6
정어리	21.1	18.6	88.2
참돔	21.9	19.6	89.5
백합	9.0	7.3	81.1
오징어	17.2	13.6	79.1
꽃게	17.2	12.2	70.9
보리새우	23.3	17.5	75.1

다. 지질

지질 함량은 비극성 용매인 에테르나 석유 에테르로 추출하여 구한 조 지질로 나타낸다. 조 지질에는 중성 지질, 인지질, 스테롤 뿐 아니라, 지용성 색소, 지용성 비타민, 기타 지용성 물질을 모두 포함하고 있다. 이중 저장 에너지원으로 사용되는 중성지질은 산란시기, 크기 등에 따라 함량의 변화가 매우 크다(표 1-3, 1-4, 1-5).

라. 당질

탄수화물은 그 종류가 매우 다양하여 전체 탄수화물을 동시에 측정할 수 있는 방법이 없어 일반적으로 100-(수분 + 단백질 + 지질 + 회분)식을 이용해 구한다. 어패류에 함유되어 있는 주요 탄수화물은 ribose, glucose 등의 단당류와 글리코겐 등의 다당류가 있다. 패류에는 에너지원으로 글리코겐의 함량이 상대적으로 높고, 회유성 어족인 다랑어 등에도 글리코겐의 함량이 높다(표 1-3, 1-4, 1-5).

마. 회분

회분은 550℃로 가열하여 유기물을 회화시킨 후 남은 성분인 무기물을 측정하여 회분으로 나타낸다. 어패류를 민물로 수세한 가식부의 회분함량은 일부를 제외하고는 1 ~ 2%로 일정하다(표 1-3, 1-4, 1-5).

표 1-3 어류의 일반성분

수산물명	g/가식부 100g					가식부
	수분	단백질	지방	회분	당질	%
가다랑어	70.3	25.9	1.8	1.7	0.3	66.2
참가자미	78.6	19.4	0.2	1.4	0.4	45.4
갈치	72.7	18.5	7.5	1.2	0.1	67.3
고등어	68.1	20.2	10.4	1.3	-	59.4
까나리	76.4	16.0	4.8	2.5	0.3	100.0
꽁치	70.9	22.7	4.7	1.3	0.4	56.3
넙치	75.2	20.9	2.1	1.5	0.3	60.4
농어	78.5	18.2	1.9	1.2	0.2	51.8
대구	78.6	19.5	0.3	1.3	0.3	47.6
도다리	80.3	17.6	0.2	1.4	0.5	56.2
도루묵	77.7	16.0	4.6	1.2	0.5	37.4
감성돔	76.7	18.8	2.3	2.1	0.1	51.1
말쥐치	79.9	17.9	0.2	1.4	0.6	37.6
메기	78.4	15.1	5.3	1.1	0.1	45.6
멸치	73.4	17.7	5.4	3.2	0.3	100.0
명태	80.3	17.5	0.7	1.5	-	39.5
무지개송어	73.3	21.1	3.9	1.6	0.1	61.6
미꾸리	78.6	16.2	2.8	2.2	0.2	100.0
민어	79.4	18.0	0.8	1.3	0.5	49.6
박내	77.9	19.2	0.7	1.6	0.6	46.3
방어	75.6	21.7	0.8	1.5	0.4	59.1
밴댕이	65.8	16.3	16.5	1.2	0.2	54.2
뱅어	84.0	13.3	1.1	1.3	0.3	100
병어	75.5	16.4	6.3	1.5	0.3	37.5
까치복	78.6	19.3	0.2	1.4	0.5	42.6
조피볼락	72.9	21.4	3.2	2.3	0.2	52.6
참서대	79.1	18.6	0.4	1.4	0.5	61.2
송어	73.8	21.0	3.4	1.7	0.1	63.6
아귀	84.0	14.1	0.2	1.2	0.5	38.7
양미리	73.7	21.5	3.4	1.4	-	63.6
연어	75.8	20.6	1.9	1.5	0.2	61.2
은어	77.0	16.7	4.5	1.6	0.2	55.7
뱀장어	67.1	14.4	17.1	1.1	0.3	85.7
먹장어	75.3	16.9	6.0	1.4	0.4	60.5
붕장어	74.7	17.4	6.4	1.2	0.3	71.1
전갱이	72.6	20.7	4.8	1.8	0.1	57.3
전어	75.7	19.2	2.7	2.2	0.2	52.0
정어리	69.2	20.0	9.1	1.5	0.2	54.7
준치	73.7	20.1	4.7	1.5	-	57.0
참조기	80.1	17.1	0.9	1.6	0.3	57.6
학꽁치	78.7	17.8	1.7	1.1	0.7	58.4
홍어	77.5	19.6	0.5	2.4	-	72.3

표 1-4 패류의 일반성분

수산물명	g/가식부 100g					가식부 %
	수분	단백질	지방	회분	당질	
가무락조개	79.9	14.1	0.6	2.6	2.8	43.8
개량조개	84.0	12.0	0.7	2.2	1.1	22.5
개조개	82.6	10.9	0.6	2.9	3.0	39.0
굴	83.5	9.2	2.6	2.4	2.3	16.3
꼬막	82.9	12.6	0.3	2.6	1.6	25.6
동죽	82.7	11.8	1.6	3.0	0.9	31.1
바지락	81.5	12.5	1.2	2.5	2.3	47.1
백합	79.9	11.7	1.0	3.8	3.6	22.7
새조개	73.9	21.5	1.9	1.4	1.3	-
소라	72.5	20.7	0.3	2.5	4.0	13.0
오분자기	78.1	13.3	2.1	1.9	4.6	53.4
재첩	77.5	12.5	1.9	2.3	5.8	15.5
참전복	77.2	15.0	0.7	2.0	5.1	47.2
진주담치	79.9	11.9	1.7	2.1	4.4	23.2
홍합	79.7	13.8	1.2	2.2	3.1	24.4
큰가리비	80.7	12.9	2.9	2.0	1.5	40.7
키조개	86.5	10.3	1.1	1.3	0.8	53.2
피뿔고동	71.7	17.9	0.2	2.2	8.0	30.0

표 1-5 연체류 및 갑각류의 일반성분

수산물명	g/가식부 100g					가식부 %
	수분	단백질	지방	회분	당질	
갑오징어	82.4	15.1	1.2	1.2	0.1	74.1
꼴뚜기	81.6	13.6	1.8	2.0	1.0	96.2
낙지	80.7	16.3	0.5	2.1	0.4	100.0
문어	81.5	15.5	0.8	2.0	0.2	82.2
오징어	77.5	19.5	1.3	1.7	∅	77.8
쭈꾸미	86.8	10.8	0.5	1.4	0.5	86.0
꽃게	81.4	13.7	0.8	2.1	2.0	38.5
대게	79.7	17.4	1.0	1.4	0.5	14.7
참게	70.7	14.4	12.0	2.7	0.2	-
닭새우	79.1	17.0	1.2	1.4	1.3	41.2
대하	80.0	18.1	0.6	1.2	0.1	53.8
보리새우	82.8	15.1	0.7	1.3	0.1	54.9
젓새우	64.9	9.6	1.2	21.7	2.6	100.0

2 일반 성분의 변동

어패류의 일반 성분은 크기, 어획시기, 성별, 먹이 및 부위에 따라 차이가 비교적 크다.

가. 부위에 따른 차이

어패류의 부위에 따른 성분 함량 차이는 주로 지질 함량에서 크게 나타난다. 고등어의 부위별 및 계절별 차이는 **그림 1-1**과 같다. 껍질에 지질의 함량이 가장 많고, 다음으로 보통육, 머리 순이다. 또한 보통육, 껍질, 머리에 함유되어 있는 지질의 함량은 계절에 따라 차이가 많다. 특히 생식선의 발달과 산란시기에 따라 지질이 급격히 변한다.

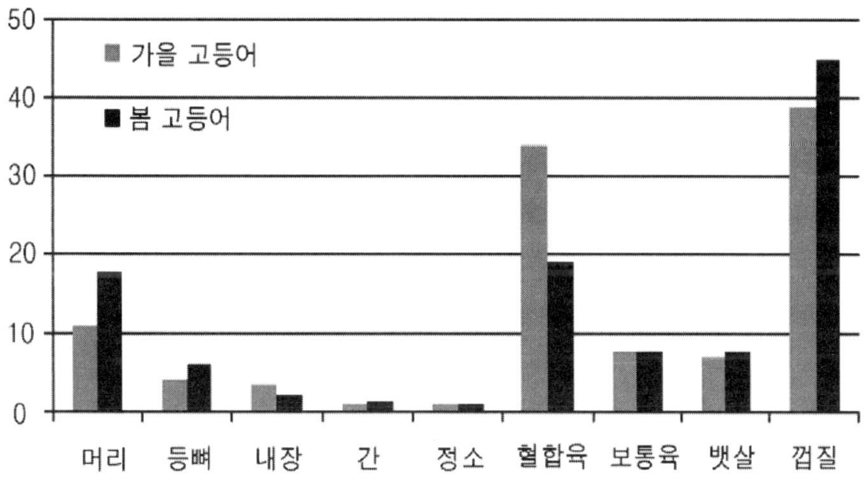

그림 1-1 고등어의 부위 및 계절별 지질 함량(% 총지질)

나. 계절에 따른 차이

정어리, 멸치, 피카엘(picarel)은 계절에 따라 지질의 변화가 현저하다. 정어리의 경우 1월에 지질 함량이 가장 적고 4월과 6월에 가장 함량이 높다. 반면에 멸치와 피카엘은 1월과 4월에 지질 함량이 가장 높고, 8월에 가장 낮다(표 1-6). 동일한 지역에 어획되는 어류의 계절에 따른 지질 함량의 차이는 어종에 따른 유전적 차이에 기인한다.

표 1-6 계절별 지질 함량 변화 (%)

	1월	4월	6월	8월	10월	12월	평균
정어리	3.88±0.2	11.86±0.6	11.47±0.5	5.88±0.2	8.46±0.5	6.92±0.2	8.08
멸치	5.71±0.4	3.41±0.3	1.32±0.2	0.94±0.2	2.99±0.3	2.85±0.2	2.87
피카엘	4.42±0.4	4.52±0.3	2.95±0.2	0.93±0.2	1.85±0.3	3.06±0.3	2.96

고등어의 경우 단백질은 연중 약 18% 정도로 큰 변동이 없는 반면에 지질은 4 ~ 6월에 급격히 줄어든다(그림 1-2). 청어의 경우도 단백질의 함량은 연중 거의 변화가 없으나 지질은 변화가 매우 심하여 4월에 급감한 후 7월까지 급속히 증가한 후 다시 감소하는 경향을 나타낸다(그림 1-3). 일반적으로 어류는 산란기에 지질이 감소한 후 그 후 급격히 증가하는 경향을 나타낸다.

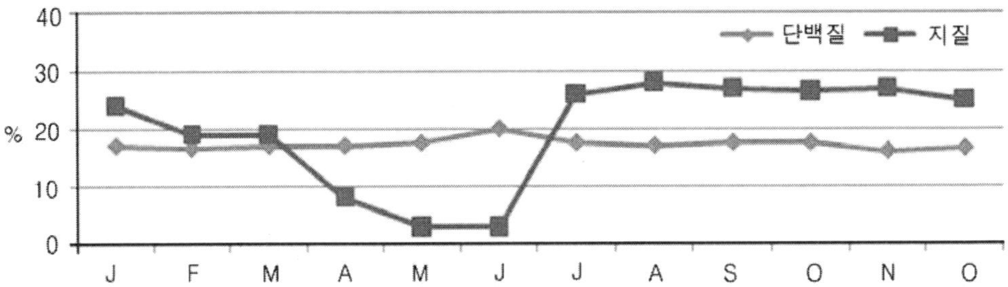

그림 1-2 고등어의 계절별 단백질과 지질의 함량 변화

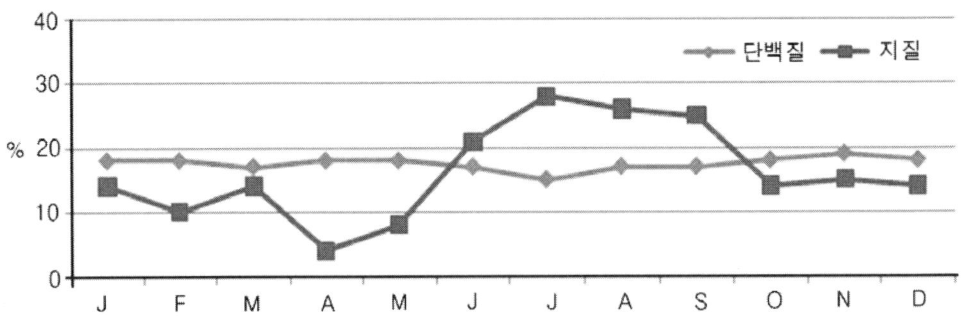

그림 1-3 청어의 계절별 단백질과 지질의 함량 변화

어류의 단백질의 함량은 연중 거의 일정한 경향을 나타내나 연어처럼 산란을 위해 장거리 유영을 하는 경우는 단백질 함량이 감소한다. 대구도 산란을 위해 장거리 이동하면 단백질이 감소한다(그림 1-4).

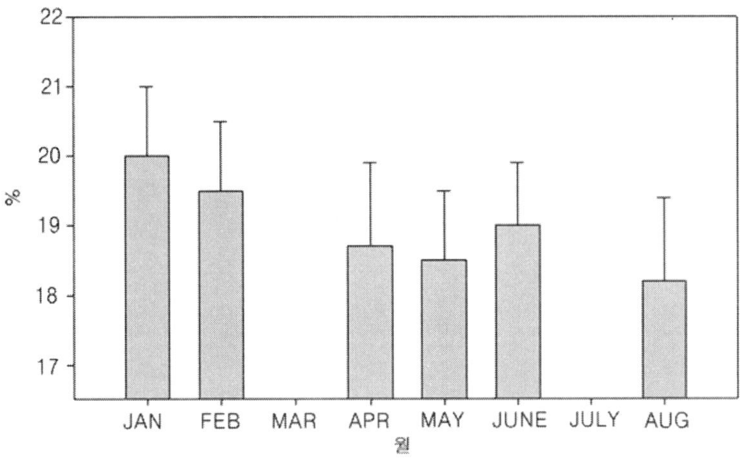

그림 1-4 발틱 연안의 대구 근육 단백질의 변화(건물 기준)

바지락 성분의 계절적 함량 변화는 그림 1-5와 같다. 연중 평균값은 수분이 80.4%, 단백질 12.3%, 회분 2.1%순이다. 단백질은 연중 변화의 폭이 적으나 수분과 탄수화물은 연중 변화폭이 크다. 수분은 7월부터 증가하여 높은 값을 유지하고 탄수화물은 7월부터 감소하여 낮은 값을 유지한다.

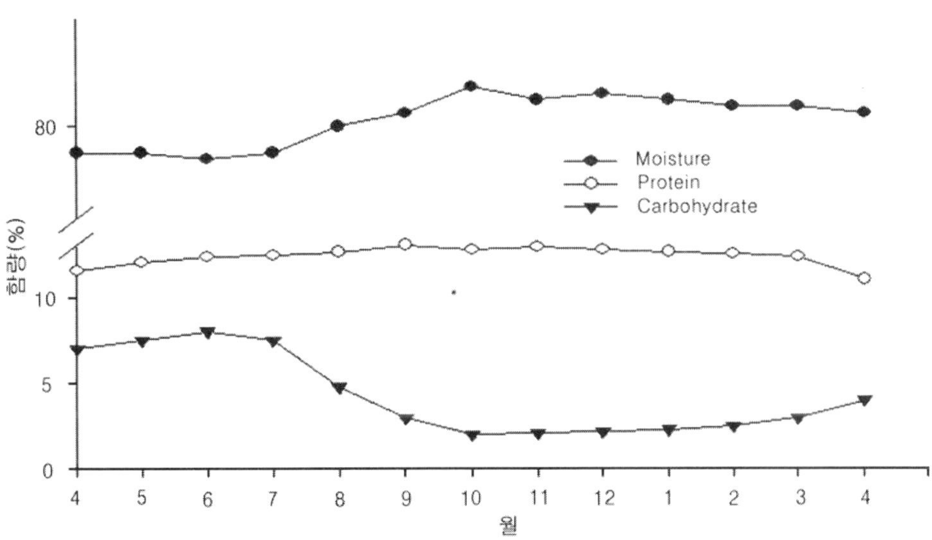

그림 1-5 바지락의 계절별 성분변화

탄수화물과 수분의 관계는 **그림 1-6**과 같다. 수분과 탄수화물의 합은 약 83.6 ~ 85.6%로 거의 일정하나 수분이 증가하면 탄수화물이 감소하는 역상관성을 나타낸다. 어육에서는 수분과 지질 함량이 역상관성을 나타내지만 바지락의 경우 수분과 탄수화물의 함량이 역상관성을 나타낸다.

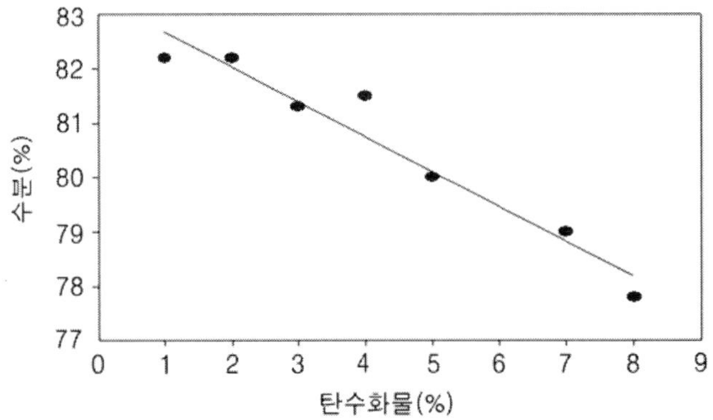

그림 1-6 바지락의 수분과 탄수화물 함량의 관계

굴의 계절별 성분 함량 변화는 **그림 1-7**과 같다. 계절에 따라 글리코겐과 단백질의 변동 폭이 크다. 글리코겐은 늦은 가을부터 초봄까지 축적된다. 그 후 감소하여 산란기인 8월 부근에 가장 낮다. 굴이 맛있는 시기는 글리코겐의 함량이 높은 시기와 일치한다. 단백질은 글리코겐과 반대의 경향을 나타내어 글리코겐 함량이 높은 시기에 단백질의 함량은 감소하고 글리코겐이 낮은 시기에 높은 경향을 나타낸다. 즉, 산란시기 전인 6 ~ 7월에 단백질의 함량이 가장 높고, 8월의 산란과 더불어 감소한다.

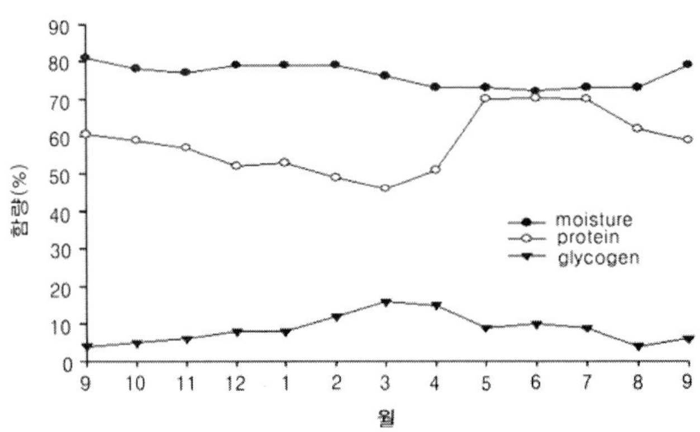

그림 1-7 계절에 따른 굴 성분의 변화

다. 양식산과 자연산의 차이

양식산과 자연산은 먹이의 조성에 따라 수산물의 체 성분 변화가 달라진다. 장어의 경우 양식산이 자연산에 비하여 지질 함량이 높고, 수분 함량은 낮으며 단백질 함량은 거의 차이가 없다(표 1-7). 양식 장어의 경우는 사료에 지질 함량이 높으며 양식장에서의 운동량 부족 때문이다. 최근에는 양식산의 육질이 자연산과 유사하도록 하기 위해 양식 조건을 개선하고 있다.

표 1-7 양식산 및 자연산 장어의 근육의 일반 조성

부위	조성(g/100g 조직)	자연산	양식산
근육	수분	69.1±1.9	67.4±1.1
	지질	11.6±3.1	13.1±0.6
	단백질	19.0±0.4	18.9±0.5

라. 연령에 따른 차이

어육의 지질 함량은 계절에 따라 차이가 나지만 일반적으로 연령이 증가함에 따라 지질의 함량이 증가한다. 표 1-8은 정어리의 연령에 따른 지질 함량 변화로, 적색육과 보통육 모두 연령 증가에 따라 지질의 함량이 증가함을 알 수 있다.

표 1-8 정어리 보통육과 적색육의 지질 함량 변화 (%)

연령	보통육	적색육
1년생	3.0	11.6
2년생	5.4	14.4
3년생	5.8	18.3

참고문헌

박희열 : 수산가공학, 수학사(1998)

변재형 외 1인 : 수산이용화학, 수학사, 서울(1994)

국립수산물과학원 : 한국수산물성분표(2009)

山田英明 外 1人 : 水産物の利用, 成山堂書店, 東京(1999)

阿部宏喜 外 1人 : 魚の科學, 朝倉書店, 東京(1994)

鴻巣章二 外 1人 : 水産利用化學, 恒星社厚生閣, 東京(1992)

坂口守彦 : 魚介類のエキス成分, 恒星社厚生閣, 東京(1988)

Huss, H.H. : Quality and Qualtity changes in fresh fish, FAO(1995)

제 2 장 어패류의 수분

1 수분의 의의

수분은 수산 식품의 원료인 어패류와 해조류의 생명유지에 필수 성분일 뿐 아니라 수산 식품에 다량 함유되어 있는 주요 구성성분이다. 일반적으로 선어 근육의 수분함량은 70 ~ 80% 정도이다. 수분함량이 25%이하가 되면 미생물의 증식이 억제되고, 15% 이하가 되면 곰팡이의 증식이 억제된다. 수분을 제거하면 미생물의 증식을 억제할 수 있으나 식품의 조직감이 떨어져 품질이 저하된다. 수분은 식품의 저장성, 화학적 및 물리적 변화에 직접적인 관련이 있다. 식품에서의 수분의 의의는 다음과 같다.

- 식품 반응의 용매와 반응물로 작용한다.
- 식품의 형태 유지와 물성에 영향을 미친다.
- 미생물의 증식에 필수 성분이다.
- 지방산화, 갈변 등 품질 변화에 영향을 미친다.
- 수분을 제거함으로서 저장성이 증가된다.

2 물의 특성

가. 부분 극성

물 분자는 전기음성도가 높은 산소 원자 1개에 전기음성도가 낮은 수소 원자 2개가 결합되어 있다. 또한 산소와 두 개의 수소원자의 결합각이 104.3°로 비대칭적으로 결합되어 있어 부분 극성을 띈다(그림 2-1).

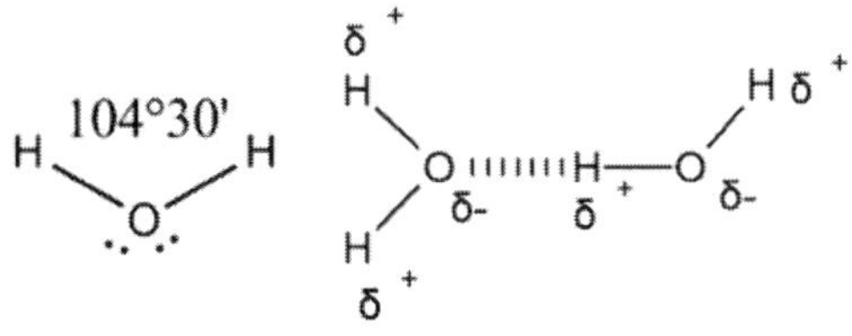

그림 2-1 물 분자 구조

나. 수소 결합

수산물 생체 성분의 주요 구성 원소인 산소, 질소 등은 수소에 비하여 상대적으로 전기음성도가 높다. 전기음성도는 원자가 전자를 끌어당기려는 성질을 나타내는 것으로 Linus Pauling이 제시한 원소들의 상대적 전기음성도는 N:3.0, O:3.4, F:4.0, H:2.1이다.

물 분자는 산소 원소와 수소 원소의 전기음성도 차이에 의해 물 분자내에 산소 원자는 δ^-, 수소 원자는 δ^+를 띈다. 따라서 물 분자의 산소 원자와 다른 물 분자의 수소 원자 사이에 극성 결합이 일어나는 데 이를 수소 결합이라고 한다. 또한 단백질, 탄수화물 등 식품 성분에서도 산소, 질소에 결합된 수소 원소는 전기 음성도 차이에 의해 δ^+를 띄고, 이들 수소 원자는 상대적으로 전기음성도가 큰 산소, 질소 등과도 수소 결합을 한다. 수소 결합은 결합력의 세기가 공유결합, 이온 결합에 비하여 대체로 약하나, 상대적으로 결합수가 많으므로 단백질의 3차구조 결합을 유지하거나 물의 특이성을 나타내는 주요 원인이 된다(그림 2-2, 표 2-1).

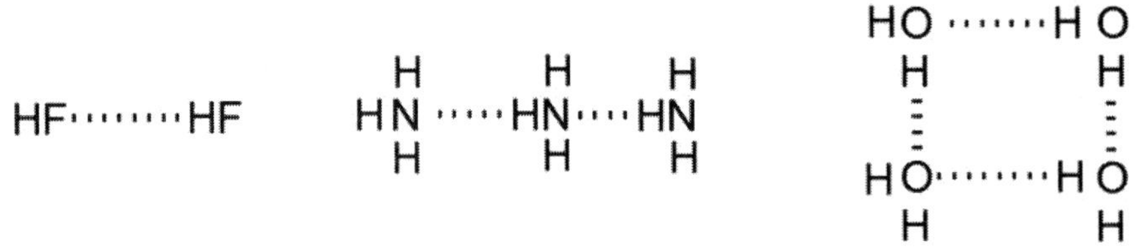

그림 2-2 수소 결합

표 2-1 각종 결합력의 세기

결합 종류		에너지(Kcal/mol)
공유결합	O-H, H-H, C-H	100 - 110
비공유결합	수소결합	5
	이온-쌍극자 상호작용	5
	소수성 상호작용	1 - 3
	반데르발스 힘	1

다. 수화(Hydration)

수용액 중에 함유되어 있는 이온, 저분자, 고분자 등의 성분이 주위에 있는 물 분자와 강한 상호작용을 통하여 하나의 덩어리로 행동할 때 이들 성분이 수화되었다고 한다. 식품에 함유되어 있는 탄수화물, 단백질, 이온물질 들은 -OH, $-COO^-$, NH_3^+ 등의 많은 극성기를 함유하고 있어 식품의 주성분인 물 분자와 수소 결합을 통하여 수화된다. 수화는 pH, 온도, 염의 농도에 따라 달라지며, 수화 정도에 따라 보수력도 달라진다.

3 자유수와 결합수

가. 자유수

자유수는 식품에서 용매로 작용한다. 즉, 식품 속에 함유되어 있는 염류, 당류, 수용성 단백질 등의 용매로 작용하는 물이다. 식품 속에 함유되어 있는 물의 대부분은 자유수이다. 일반적으로 알려져 있는 음용수와 동일한 특성을 나타내어 0℃에 얼어 얼음이 되고, 100℃에 증발하여 수증기가 된다. 또한 자유수는 미생물이 자유로이 이용할 수 있다.

나. 결합수

물은 부분 극성을 띄고 있으므로, 식품 속 성분과 수소 결합 등을 통하여 직·간접적으로 결합되어 있는데 이러한 형태의 물을 결합수라고 한다. 결합수는 자유수와 달리 탄수화물, 단백질, 염류 등에 구속되거나 구성 성분으로 존재한다. 따라서 0℃에서도 얼지 않고, 100℃에서도 증발되지 않는다. 또한 결합수는 용매로 작용하지 않으며 미생물이 자유로이 이용할 수도 없다(표 2-2).

4 물의 상태

물은 평형상태에서 온도와 압력에 따라 고체, 액체, 기체 중 하나로 존재한다. 온도와 압력에 따라 물의 상태를 나타낸 것을 물의 상태 곡선이라고 한다. 액체에서 기체로 변하는 것이 증발이고, 고체에서 기체로 변하는 것이 승화이다. 수분 함량이 높은 식품을 기체상의 환경에 두면 건조가 일어나며 동결 식품도 낮은 압력에서는 건조가 일어난다. 즉, 건조는 공기 중의 수증기 압력을 낮추거나 온도를 높임으로서 가능하다(그림 2-3).

표 2-2 자유수와 결합수 특성

결합수	● 단백질, 탄수화물 등의 식품 성분과 직 · 간접으로 결합 ● 건조나 압착으로 제거하기 어려움 ● -18℃에서도 잘 얼지 않고, 100℃에서도 증발하지 않음 ● 용매로 작용하지 않음 ● 미생물의 증식에 이용되지 않음
자유수	● 열역학적으로 자유로운 운동이 가능 ● 0℃이하에서 얼고, 100℃에서 증발 ● 용매로 작용함 ● 미생물의 증식에 이용됨

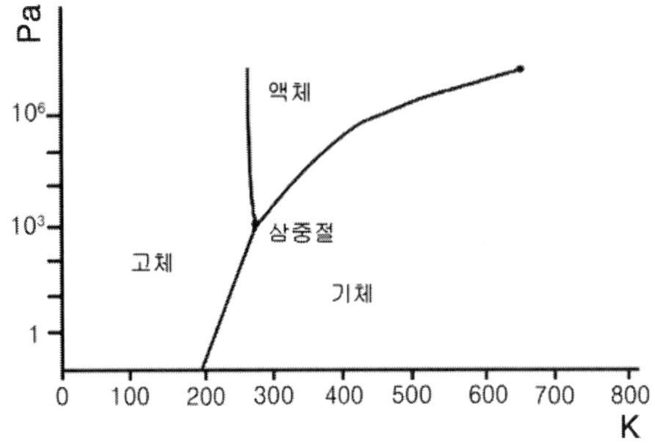

그림 2-3 물의 삼중점

5 수분활성도

가. 평형수분함량

식품의 수분 함량은 식품이 놓여있는 환경 조건 (온도, 습도)에 따라 달라진다. 수분 함량이 낮은 식품을 상대 습도가 높은 대기 중에 두면 수분을 흡수하고, 수분 함량이 높은 식품은 상대 습도가 낮은 대기 중에 두면 수분이 제거된다. 결국 대기 중의 수증기압과 식품 표면의 수증기압이 같게 되어 평형 상태가 되는 데 이를 평형수분함량이라고 한다.

나. 수분활성도

식품 중의 수분은 자유수와 결합수로 존재한다. 자유수는 식품 중의 당류, 염류 등을 용해하는 용매로서 자유롭게 이동 가능한 물이다. 반면에 결합수는 단백질 등의 식품 성분과 직·간접적으로 결합되어 식품 성분의 일부분을 형성하거나 구속받는 물이다.

미생물의 생육과 화학적 반응에 이용될 수 있는 수분은 식품에 함유되어 있는 전체 수분 함량 중 자유롭게 이동 가능한 수분의 함량과 밀접한 관련이 있다. 식품 성분에 구속되어 있는 수분은 미생물의 생육과 화학적 반응에 이용될 수 없는 수분이다. 따라서 어떤 식품에 미생물이 증식되거나 화학적 반응이 일어나는 것은 식품에 함유된 전체 수분 함량이 아니라 식품의 수분이 얼마나 효율적으로 미생물 증식과 화학반응에 이용될 수 있느냐에 따라 결정되는데 이를 나타내는 값을 수분활성도(water activity)라고 한다.

식품 성분에 구속되어 있는 수분과 순수한 물의 자유 에너지 상태가 다르다. 수분의 자유 에너지 상태는 수분의 증발 용이성으로 나타낼 수 있다. 식품 성분에 구속된 수분은 일정한 온도에서 순수한 물에 비하여 증발이 잘 일어나지 않는다. 따라서 수분활성도는 일정한 온도에서 순수한 물의 수증기압(Po)에 대한 식품의 수증기압(P)의 비로 니티낼 수 있다.

수분활성도(Aw) = P/Po

P : 주어진 온도에서 식품의 수증기압

Po : 주어진 온도에서 순수한 물의 수증기압

따라서 Aw =P/Po = 상대습도(%, equilibrium relative humidity) /100

또한 이상 용액의 용질 농도와 수증기압은 Raoult법칙에 따른다. 용액과 용매의 증기압을 각각 P, Po, 용액과 용매의 mole수를 각각 n1, n2라고 하면, 용액의 증기압 감소비율은 용질의 mole 비율과 같다.

(Po - P)/Po = n1/(n1 + n2).

P/Po = n2/(n1+n2)이다.

다. 수분활성도와 미생물 증식

수분활성도는 미생물의 발육과 매우 밀접한 관련이 있다. 식품에 미생물이 증식하면 식품 성분이 분해되어 품질이 변질된다. 일반적으로 가공 식품은 수분활성도에 따라 Aw가 0.9이상인 고 수분활성식품, Aw 0.9 ~ 0.6 사이의 중간 수분활성식품, Aw 0.6이하의 저 수분활성식품으로 나눈다. 세균과 효모는 Aw가 0.88 이상에서 증식한다. Aw가 0.95이하에서는 그람 음성균 및 *Bacillus*나 *Clostridium* 등 포자 생성균의 증식 및 포자 발아가 억제된다(표 2-3).

식중독 원인균인 그람음성 간균 중 *Salmonella spp, Eschrichia coli, Vibrio parahemolyticus* 등은 Aw 0.94 이하에서는 발육하지 않는다(표 2-4). 일반적으로 세균은 Aw 0.90이하에서, 효모는 0.88이하에서는 증식하지 않는다. 그러나 곰팡이는 수분활성도가 0.80이하까지 내려야 증식하지 않으므로 건제품의 경우에 곰팡이의 증식을 주의하여야한다. 표 2-5는 수분활성도에 따른 미생물과 관련 식품을 나타낸 표이다.

표 2-3 수분활성도와 미생물의 증식 한계

미생물의 종류	수분활성도 한계
세균	0.90
효모	0.88
곰팡이	0.80
호염성 세균	0.75
내건성 곰팡이	0.65
내삼투압성 효모	0.62

표 2-4 비브리오 생성과 성장요인

	온도(° C)	pH	수분활성도	염도(%)
V. cholerae	10 ~ 43	5 ~ 9.6	0.97 ~ 0.998	0.1 ~ 4
V. parahaemolyticus	5 ~ 43	4.8 ~ 11	0.94 ~ 0.996	0.5 ~ 10
V. vulnificus	8 ~ 43	5 ~ 10	0.96 ~ 0.997	0.5 ~ 5

표 2-5 수분활성도에 따른 주요 미생물과 식품류

수분활성도	각 수분활성도 범위의 최저 수분활성도에서 저해되는 미생물	각 수분활성도 범위에 해당하는 식품류
1.00-0.95	Pseudomonas, Escherichia, Proteus, Shigells, Klebsiella, Bacillus, Clostridium perfringens, some yeasts	Highly perishable (fresh)foods, vegetables, meat, fish, and milk; cooked sausages and breads; foods containing up to approximately 40%(w/w) sucrose or 7% sodium chloride
0.95-0.91	Salminella, Vibrio parahaemolyticus, C. botulinum, Serratia, Lactobacillus, Pediococcus, some molds, yeasts(Rhodotorula, Pichia)	Some cheeses (Cheddar, Swiss, Muenster, Provolone), cured meat (ham), some fruit juice concentrates; foods containing 55%(w/w) sucrose or 12 % sodium chloride
0.91-0.87	Many yeasts (Candida, Torulopsis, Hansenula), Micrococcus	Fermented sausage (salami), sponge cakes, dry cheeses, margarine; foods containting 65%(w/w) sucrose or 15 % sodium chloride
0.87-0.80	Most molds (mycotoxigenic penicillia), Staphyloccocus aureus, most Saccharomyces (bailii) spp., Debaryomyces	Most fruit juice concentrates, sweeted condensed milk, chocolate syrup, maple and fruit syrups; flour, rice, pulses containing 15-17% moisture; fruit cake; country-style ham, fondants, high-ratio cakes
0.80-0.75	Most halophilic bacteria, mycotoxigenic aspergilli	Jam, marmalade, marzipan, glace fruits, some marshmallows
0.75-0.65	Xerophilic molds (Aspergillus chevalieri, A. candidus, Wallemia sebi), Saccharomyces bisporus	Rolled osts containing approximately 10% moisture, grained nougate, fudge, marshmallows, jelly, molasses, raw cane sugar, some dried fruits, nuts
0.65-0.60	Osmophilic yeasts (Saccharomyces rouxii), few molds (Aspergillus echinulatus, Monascus bisporus)	Dried fruits containing 15-20% moisture; some toffees and caramels; honey
0.50	No microbial proliferation	pasta containing approximately 12% moisture; spices containing approximately 10% moistre
0.40	No microbial proliferation	Whole egg powder containing approximately 5% moisture
0.30	No microbial proliferation	Cookies, crackers, bread crusts, etc. containing 3-5% moisture
0.20	No microbial proliferation	Whole milk powder containing 2-3% moisture; deied vegetables containing approximately 5% moistrue; corn flakes containing approximately 5% moisture; fruit cake; country-style cookies, crackers

각종 수산 식품의 수분활성도와 수분 함량은 표 2-6와 같다.

표 2-6 수산식품의 수분활성도

식품명	수분활성도(Aw)	수분(%)	소금(%)
생 어패류	0.97~0.99	67~75	-
오징어 젓갈	0.89	64	11.7
염장 연어	0.78~0.90	60	11.3
훈제 오징어	0.78	66	-
마른 새우	0.64	23	-
배건 가다랑어	0.28~0.29	8	-
마른 오징어	0.40~0.48	15~20	-
마른 굴	0.77~0.78	23~25	
마른 멸치	0.58	16	

라. 등온흡습 곡선

일정한 온도에서 식품의 수분함량과 수분활성도의 관계를 나타낸 그림이 등온흡습 곡선이다(그림 2-4). 등온흡습 곡선의 기울기와 변곡점은 식품마다 다르다. 등온흡습 곡선은 변곡점을 기준으로 단분자층 영역 (영역 I), 다분자층 영역 (영역 II), 모세관 응축 영역 (영역 III)으로 나누어진다. 건조를 시작하면 자유수인 모세관 영역의 수분이 가장 먼저 제거된다.

단분자층 영역은 수분이 식품 성분과 강하게 결합되어 있는 영역을 나타낸다. 이 영역에서는 수분이 식품 표면을 모두 덮지 않고 수분과 반응성이 강한 성분에만 결합된 상태이다. 이 때 수분은 식품성분과 화학적으로 상당히 강하게 구속되어 있어 화학반응에 관여하지 못한다. 이 상태의 물을 결합수라고 한다.

단분자층 영역과 다분자층 영역 경계를 BET 영역이라고 한다. BET 영역은 이론적으로 식품 성분 표면을 수분 한 분자 두께로 덮은 상태를 의미하며 지방 산패가 최소로 일어나는 영역이다. BET 영역에서는 식품 표면을 덮은 물 분자가 산화에 의해 생성된 과산화물과 수소 결합을 하여 복합체를 형성하고 또한 금속의 촉매 작용을 억제하기 때문에 산패를 억제한다.

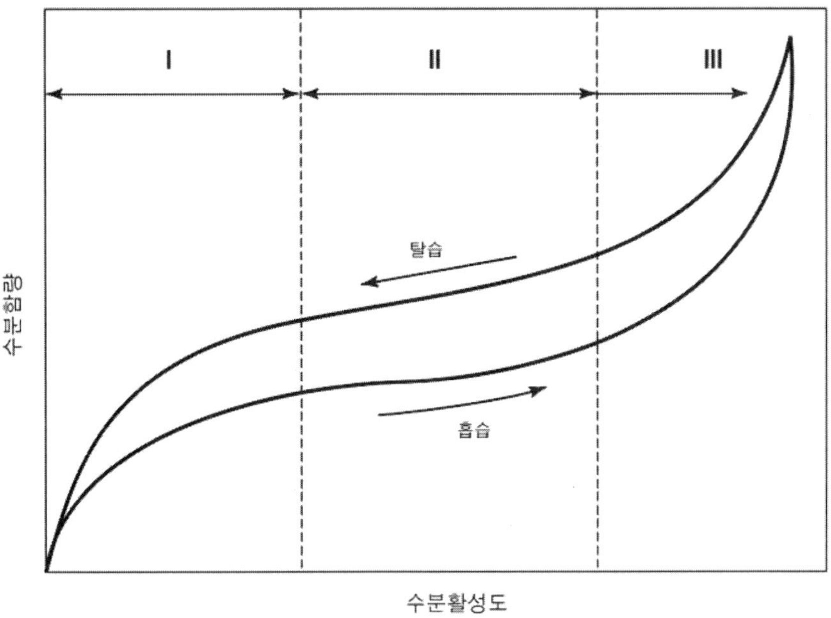

그림 2-4 등온흡습 곡선
I: 단분자층 영역, II: 다분자층 영역, III : 모세관 영역

다분자층 영역은 BET 영역보다 수분이 많이 함유되어 있는 영역으로 물 분자의 부분 극성 성질로 인하여 물 분자끼리 서로 수소 결합하여 식품 성분 표면에 수분이 여러 층 덮여 있는 상태이다. 다분자층 영역의 수분은 단분자층보다 식품성분과 수분의 결합이 강하지 않다. 건조식품의 경우 가장 안전한 영역이 다분자 층이다.

모세관 응축 영역에서의 수분은 식품 조직 사이의 모세관에 구성성분으로 용액이 응축되어있다. 이 영역의 수분은 자유수이며 각종 화학반응 및 미생물의 증식이 쉽게 발생한다.

식품의 수분을 과도하게 건조한 후 다시 흡습을 하면 일정한 평형 상태 습도에서 탈습과정의 수분 함량이 흡습과정의 수분 함량보다 높은 경향을 보이는데 이를 히스테리시스(hysteresis)라고 한다. 히스테리시스 현상은 식품의 종류에 따라 다르고 온도가 높으면 차이가 줄어든다. 탈습과정 중 식품 조직을 형성하고 있는 분자 조직체의 수축이 일어나 흡착 표면으로 이용할 수 있는 흡착 장소들의 수가 감소함으로써 수분의 가역적 흡수가 불가능하게 되기 때문이다.

마. 수분활성도와 저장 안전성

식품의 수분활성도는 식품 저장 안정성과 밀접한 관련이 있다. 수분활성도에 따라 중요한 식품 변질 원인인 미생물의 증식 속도, 효소 반응 속도, 갈변 속도, 산패 속도가 달라지기 때문이다. 수분활성도가 지나치게 낮거나 높아도 식품의 안전성이 저하된다(그림 2-5). 수분활성도는 미생물의 성장 뿐 아니라 화학반응, 효소활성에 영향을 미친다. 수분은 화학반응에 용매, 반응물로서 작용할 뿐 아니라 반응용액의 점도에도 영향을 주므로 반응물의 운동성이 달라지고 반응속도에 영향을 준다. 비효소적 갈변은 단분자층 이하의 수분활성도에서는 반응이 거의 일어나지 않으나 수분활성이 0.6 ~ 0.7 부근에서 갈변 반응이 최대로 되고 그 이상에서는 오히려 감소한다. 수분이 높으면 반응물이 희석되어 반응속도가 낮아지기 때문이다. 지방산화는 BET 영역에서 가장 반응속도가 낮고 그 보다 수분활성도가 낮거나 또는 그 보다 수분활성도가 높으면 급격히 반응속도가 증가한다. 효소 반응속도는 수분활성도가 높을수록 증가하는 경향을 나타낸다.

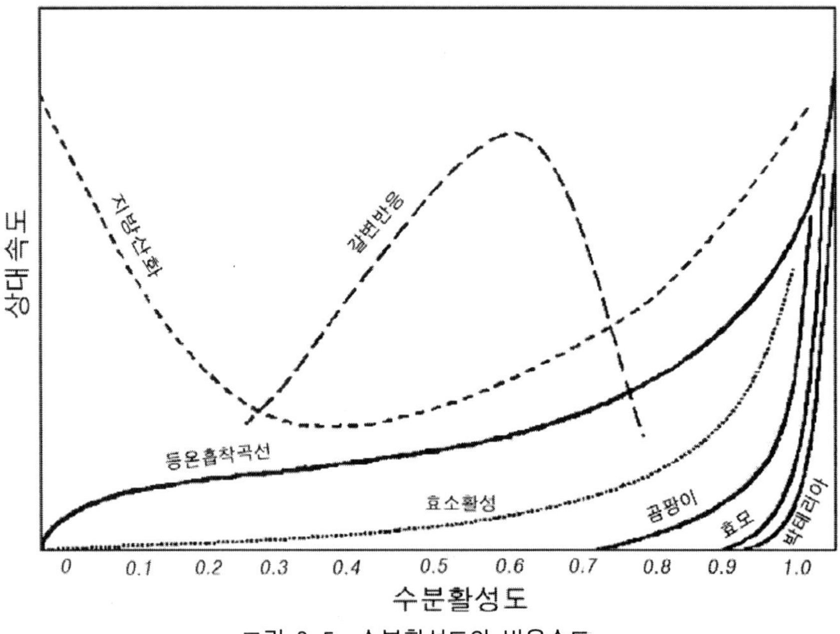

그림 2-5 수분활성도와 반응속도

식품 속의 미생물의 증식을 억제하기 위한 방법의 하나는 식품의 수분활성도를 줄이는 것이다. 수분활성도를 줄이기 위해 당, 아미노산, 소금 등을 첨가한다. 이 중 소금과 설탕은 식품의 수분활성도를 조절하기 위해 자주 사용된다. 다음은 소금과 설탕 첨가에 따른 수분활성도가 감소 정도를 나타낸 것이다(표 2-7, 표 2-8).

표 2-7 소금 용액의 수분활성도

NaCl(g)	Water(g)	% NaCl	Aw
0.9	99.1	0.9	0.995
1.7	98.3	1.7	0.99
3.5	96.5	3.5	0.98
7.0	93.0	7.0	0.96
10.0	90.0	10.0	0.94
13.0	87.0	13.0	0.92
16.0	84.0	16.0	0.90
22.0	78.0	22.0	0.86

표 2-8 설탕 용액의 수분활성도

Sucrose(g)	Water	%Sucrose	Aw
0	100	0	1.00
20	100	16.7	0.998
40	100	28.6	0.969
60	100	37.5	0.955
80	100	44.4	0.941
100	100	50.0	0.927
120	100	54.5	0.913
140	100	58.3	0.900
160	100	61.5	0.888
180	100	64.3	0.876
200	100	66.7	0.860

참고문헌

박희열 : 수산가공학, 수학사(1998)

변재형외 1인 : 수산이용화학, 수학사(1994)

김동훈 : 식품화학, 탐구당(1971)

山田英明 外 1人 : 水産物の利用, 成山堂書店, 東京(1999)

FAO : Yearbook of Fishery Statistics(1997)

FAO : Aquaculture Prodcution Statistics(1988~1997)

Fontana : Water activity : why it is important for food safety, First NSF international conference on food safety, 1998

http://www.ecolab.com/publichealth/

제 3 장 단백질

1 단백질과 아미노산

단백질은 생체 주요 성분으로 다양한 종류가 있다. 근육, 항체, 골격, 효소 등의 구성 성분으로 생체 내 중요한 역할을 한다. 단백질은 탄수화물, 지질과 더불어 수산 식품의 중요 성분이다. 대부분의 어패류에 있어 단백질은 수분 다음으로 함량이 높다. 단백질은 20종의 아미노산으로 구성되며 펩타이드 결합을 통하여 고분자인 단백질을 형성한다. 아미노산의 결합 순서에 따라 단백질의 3차 구조가 결정된다.

가. 아미노산의 종류 및 구조

아미노산은 탄소(α탄소)에 염기성을 띠는 amino기, 산성을 띠는 carboxyl기, 수소 원자, 그리고 측쇄(side chain)가 공유 결합되어 있다. 단백질을 구성하는 아미노산은 20종이 있는데 측쇄가 수소인 glycine을 제외하고는 모두 α탄소가 asymmetric carbon이므로 D form과 L form의 거울상 이성질체가 가능하다. 그러나 생체 내의 아미노산은 특수한 경우를 제외하고는 모두 L form이다. 아미노산은 수용액 상태에서 양쪽 이온 특성을 띠어 산과 염기로서 작용한다(그림 3-1).

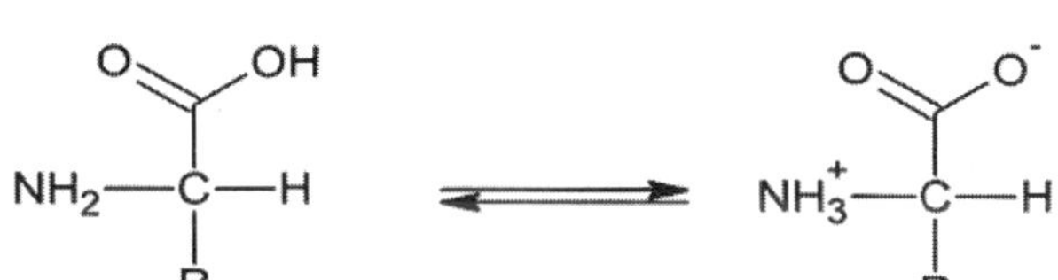

그림 3-1 아미노산의 일반 구조

단백질 구성 아미노산은 표 3-1과 표 3-2와 같으며 아미노산은 구조에 따라 다음과 같이 분류한다.

표 3-1 단백질 구성 아미노산의 특성

아미노산 종류	표기	분자량	pka	등전점
소수성 아미노산				
글리신	GLy(G)	57	2.4	9.8
알라닌	Ala(A)	89	2.4, 9.9	6.01
발린	Val(V)	117	2.3, 9.7	5.97
페닐알라닌	Phe(F)	165	2.2, 9.3	5.48
프로린	Pro(P)	115	2.0, 10.6	6.48
로이신	Leu(L)	131	2.3, 9.7	5.98
이소로이신	ILe(I)	131	2.3, 9.8	6.02
친수성아미노산				
아스파라긴산	Asp(D)	133	2.0, 9.9, (3.9)	2.77
글루타민산	Glu(E)	147	2.1, 9.5, (4.1)	3.22
아르기닌	Arg(R)	174	1.8, 9.0, (12.5)	10.76
히스티딘	His(H)	155	1.8, 9.3, (6.0)	7.59
세린	Ser(S)	105	2.2, 9.2	5.68
트레오닌	Thr(T)	119	2.1, 9.1	5.87
시스테인	Cys(C)	121	1.9, 10.7, (8.4)	5.07
아스파라긴	Asn(N)	132	2.1, 8.7	5.41
글루타민	Gln(Q)	146	2.2, 9.1	5.65
양친매성 아미노산				
리신	Lys(K)	146	2.2, 9.1, (10.5)	9.74
티로신	Tyr(Y)	181	2.2, 9.2, (10.5)	9.66
메티오닌	Met(M)	149	2.1, 9.3	5.74
트립토판	Trp(W)	204	2.5, 9.4	5.89

1) 지방족(aliphatic) 아미노산 : 탄화수소를 가진 아미노산
2) 방향족(aromatic) 아미노산 : 벤젠기를 함유한 아미노산
3) 산성 아미노산 : 분자 내에 한 개의 아미노기와 두 개의 카복실기를 가진 아미노산
4) 염기성 아미노산 : 분자 내에 두 개의 아미노기와 한 개의 카복실기를 가진 아미노산
5) 함황 아미노산 : 분자 내에 황 원자를 함유한 아미노산
6) 이미노산 : 분자 내에 이미노기(imino, =NH)를 함유한 아미노산

표 3-2 아미노산의 구조

Ⅰ. 비극성(nonpolar)과 중성 아미노산	
Glycine	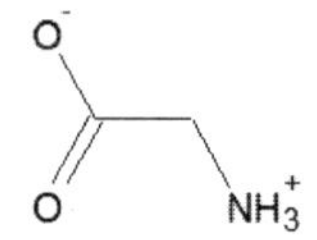
Alanine	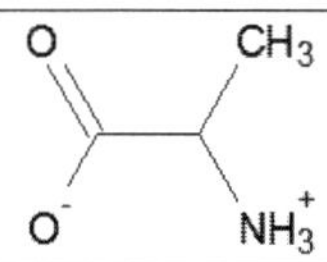
Valine	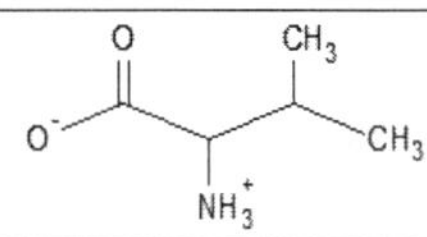
Leucine	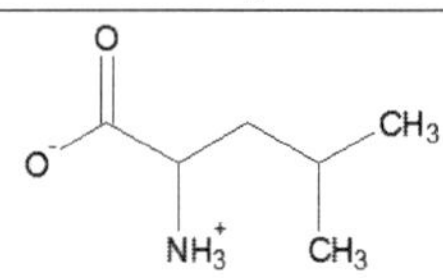
Isoleucine	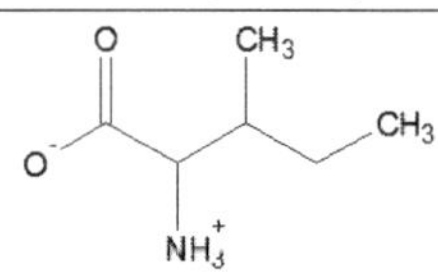
Proline	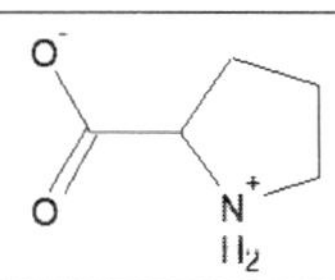
Cysteine	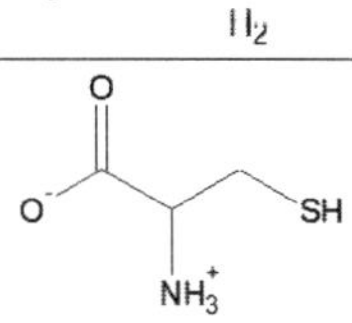
Methionine	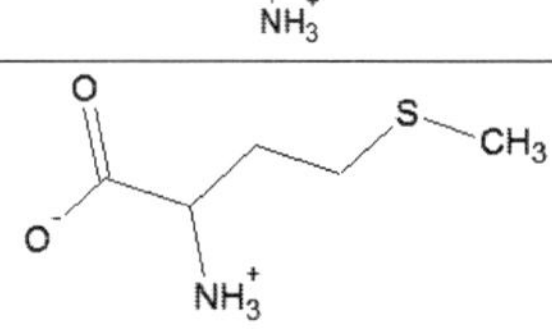
Phenylalanine	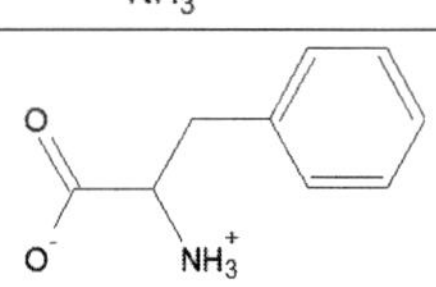
Tryptophan	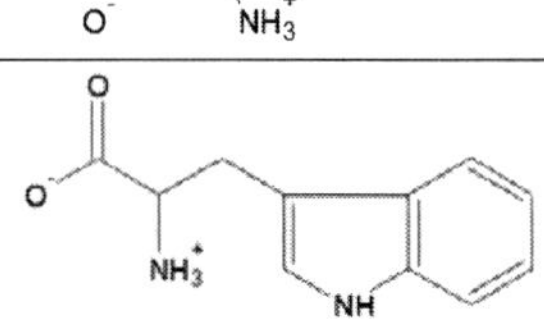

Ⅱ. 극성(polar)과 중성아미노산	
Serine	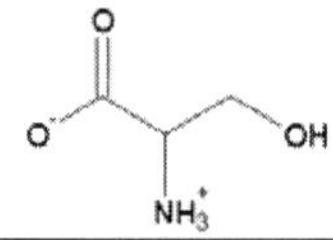
Threonine	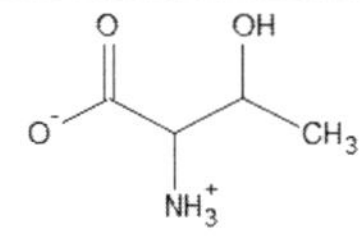
Tyrosine	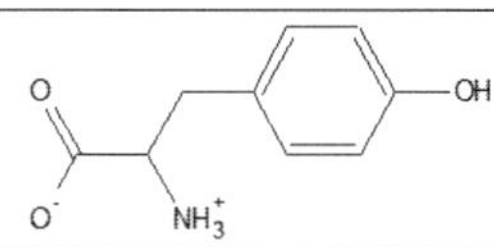
Asparagine	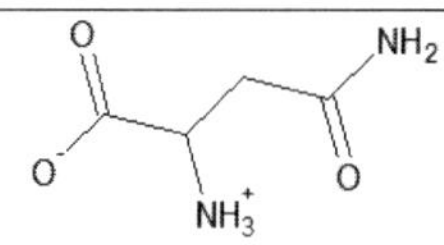
Glutamine	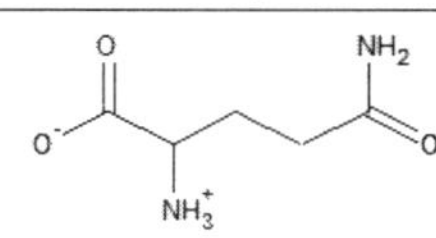
Ⅲ. 산성 아미노산	
Aspartic acid	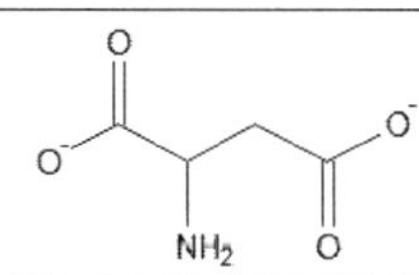
Glutamic acid	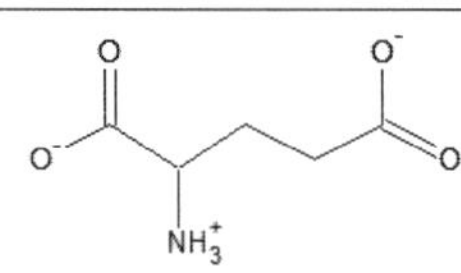
Ⅳ. 염기성 아미노산	
Lysine	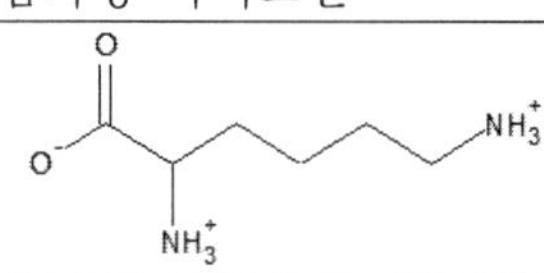
Arginine	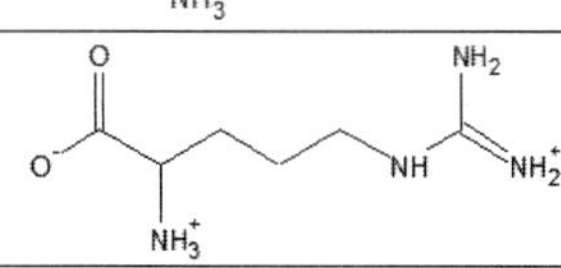
Histidine	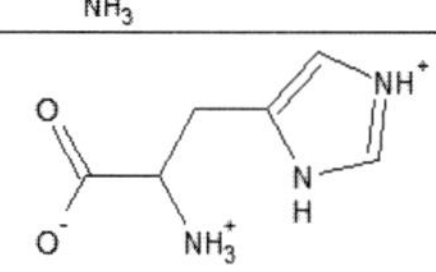

나. 아미노산의 반응

1) 펩타이드 결합

단백질은 아미노산이 펩타이드 결합으로 연결된 아미노산 중합체이다. 펩타이드 결합은 하나의 아미노산의 α-아미노 질소와 다른 아미노산의 α-카르복실 탄소간의 형성된 아미드결합이다. 이 반응과정에서 물이 제거된다. 축합된 아미노산 수에 따라 디 펩타이드, 트리 펩타이드, 테트라 펩타이드로 명명한다. 펩타이드 사슬의 자유 아미노기 말단을 N-말단 잔기(N-terminal residue), 카르복실기 말단을 C-말단 잔기(C-terminal residue)라고 한다. 펩타이드는 N-말단부터 명명한다.

펩타이드 결합은 공명 혼성구조를 가지고 있어 단단한 평명구조를 가진다. 따라서 아미노산으로 이루어져 있는 폴리 펩타이드인 단백질의 3차원 입체 구조의 회전이 제한되어 단백질의 3차구조가 제한적으로 존재한다(그림 3-2, 3-3).

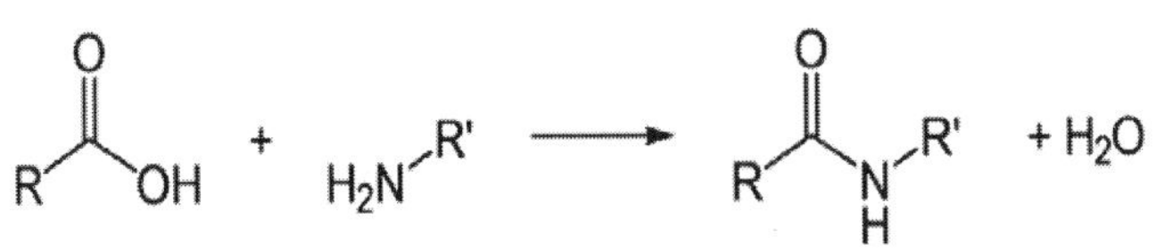

그림 3-2 아마이드결합

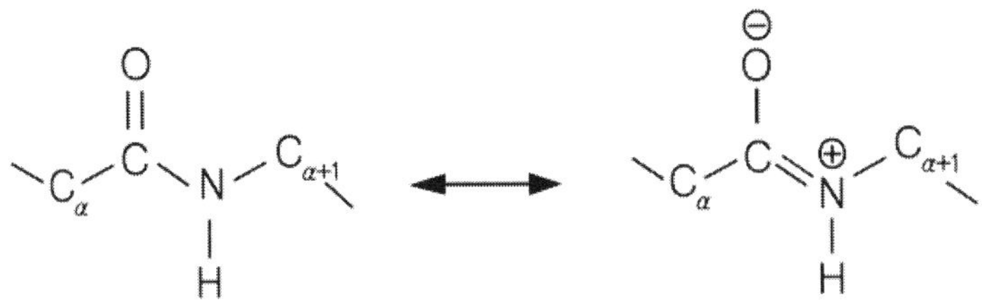

그림 3-3 펩타이드 공명

2) Disulfide bond

시스테인(cysteine)의 -SH(sulfhydryl)기가 산화되어 이황화물(disulfide)을 형성한다. 2분자의 시스테인이 산화되어 시스틴(cystine)이 형성되는 데 이 결합을 disulfide bond라고 한다. 이 반응은 단백질의 구조 형성에 매우 중요한 반응으로 다양한 형태로 단백질 구조 형성에 기여한다(그림 3-4, 3-5).

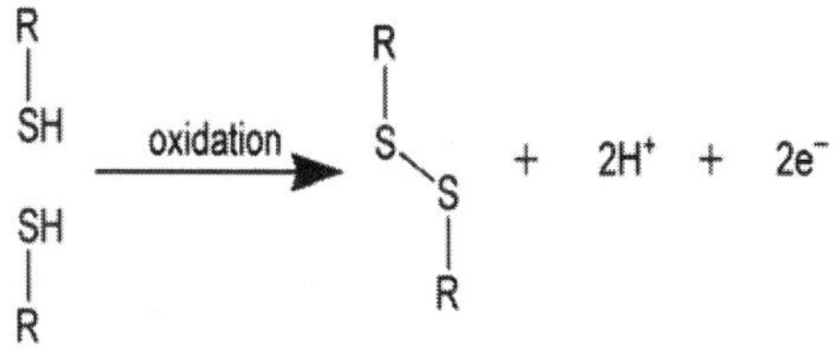

그림 3-4 disulfide bond

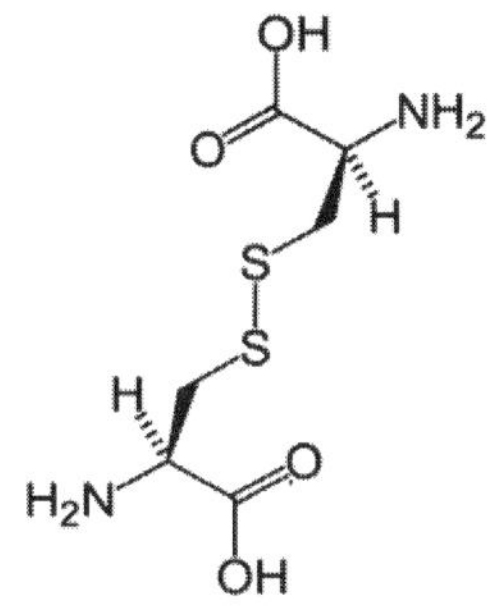

그림 3-5 cystine

3) Salt formation

아미노산은 산, 알칼리 중화 반응을 하여 염을 형성한다. 산성 아미노산의 카복실기의 proton과 염기성 아미노산의 아민이 서로 끌어 당겨 염을 형성한다. 즉, 산성 아미노산은 -전하를 띄고, 염기성 아미노산은 +전하를 띄게 된다. 염 형성은 특히 단백질 3차 구조 형성에 중요한 결합으로 단백질의 경우 아미노산의 side chain간에 산과 아민이 염을 형성하여 3차원 구조를 안정화한다(그림 3-6, 3-7).

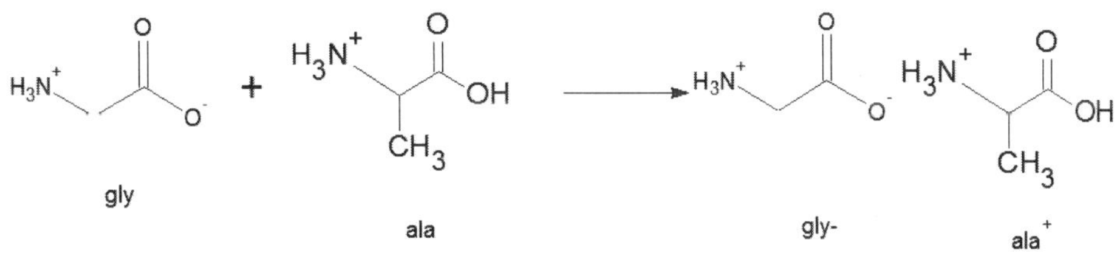

그림 3-6 Salt formation

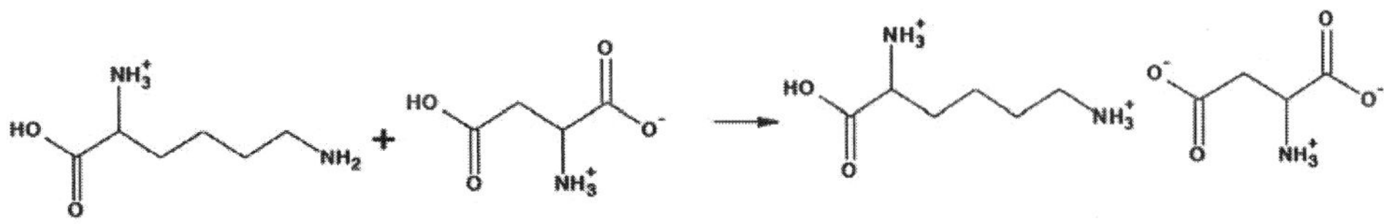

Lys Asp salt formation

그림 3-7 Lysine과 aspartic acid의 salt formation

4) 소수성 결합

비극성 side chain 간의 소수성 상호작용은 단백질의 3차 구조 안정에 매우 중요하다. 이 상호 작용은 "극성은 극성물질에 녹고, 비극성 물질은 비극성물질에 녹는다"는 용해도 법칙에 따른다. 비극성 잔기는 물 등의 극성화합물에 있는 극성기에 반발하므로 비극성 잔기끼리 끌리게 된다. 알라닌, 발린, 루신, 이소루신에 있는 탄화수소 알킬기는 이와 같은 방식으로 상호작용을 하며, 페닐알라닌과 티로신에 있는 aromatic ring은 서로 겹치게 상호작용한다. 이러한 비극성 상호 작용은 단백질의 3차 구조에 영향을 끼치는 데 비극성 side chain은 구상 단백질의 안쪽에 배치되고, 바깥쪽은 극성 아미노산이 배치된다(그림 3-8).

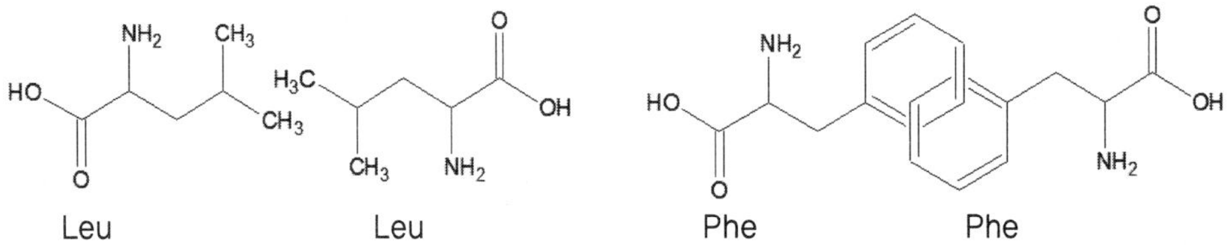

그림 3-8 아미노산의 소수성 결합

2 단백질의 구조

가. 1차 구조

단백질의 1차 구조는 아미노산 사슬의 배열 순서를 나타낸다. 단백질의 구성 성분인 아미노산의 펩타이드 결합 순서인 단백질 1차 구조는 DNA에 의하여 결정된다. 즉, DNA에서 mRNA로 전사된 후 ribosome에서 단백질이 합성되어 1차 구조가 결정된다. 단백질의 입체 구조인 3차 구조도 결국에는 아미노산의 배열 순서에 의해 결정된다.

나. 2차 구조

단백질 2차 구조는 분자 내 혹은 분자 간 아마이드 그룹간의 수소 결합에 의해 형성된 특정한 기하학적 형태를 의미한다. 주요한 2차 구조로는 α-helix와 β-sheet 등이 있다. α-helix에서는 폴리펩타이드가 spring 형태로 단단히 감겨 있는 구조이다. 펩타이드 결합이 스프링의 안쪽에 배치되고 side chain이 스프

링의 바깥쪽에 배치된다. Helix 구조는 아미노산의 NH-기와 4번째 떨어진 아미노산의 -C=O기 간에 수소 결합에 의해 안정화된다. 3.6개의 아미노산 잔기마다 1회전을 하며 단백질에 존재하는 helix는 모두 오른 손 helix 구조이다. β-sheet는 여러 폴리펩타이드가 나란히 배열되어 있는 구조이다. 두 폴리펩타이드는 아마이드간의 수소 결합에 의해 안정되는데 helix 구조는 분자 내 수소 결합에 의해 안정화됨에 반하여 β-sheet 구조는 분자간의 수소 결합에 의해 안정화 되는 차이가 있다(그림 3-9).

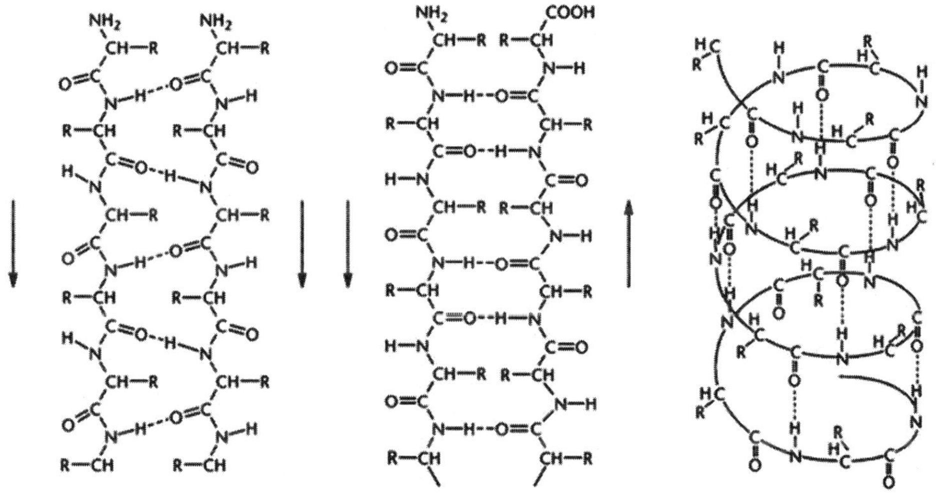

그림 3-9 단백질의 2차 구조

다. 3차 구조

단백질 3차 구조는 단백질마다의 고유의 3차원 입체구조를 의미한다. 3차원 구조는 아미노산의 side chain간의 다양한 상호 결합에 의해 유지된다. 이들 상호 결합은 2차 구조의 helix 구조를 안정화시키는 아마이드기의 수소 결합보다 강하다. 따라서 side chain 간의 상호 결합은 단백질 사슬에 다양한 fold, bend. loop 구조를 형성한다. 아미노산 side chain 간의 상호 작용은 소수성 결합 뿐 아니라 salt bridge, 수소결합, disulfide bond에 의해 유지된다. 3차원 구조가 단백질의 기능을 나타내는데 기본적인 조건으로 3차 구조가 변형되면 단백질로서의 기능을 상실하는데 이를 단백질 변성이라고 한다.

라. 4차 구조

단백질 4차 구조는 3차 구조를 가진 여러 단백질이 모여 보다 큰 특정한 형태의 단백질 구조를 형성하는 것을 말한다. 4차 구조를 형성하는 대표적인 결합으로는 수소결합, salt bridge, disulfide bond가 있다. 대표적인 예로는 헤모글로빈이 있다(그림 3-10).

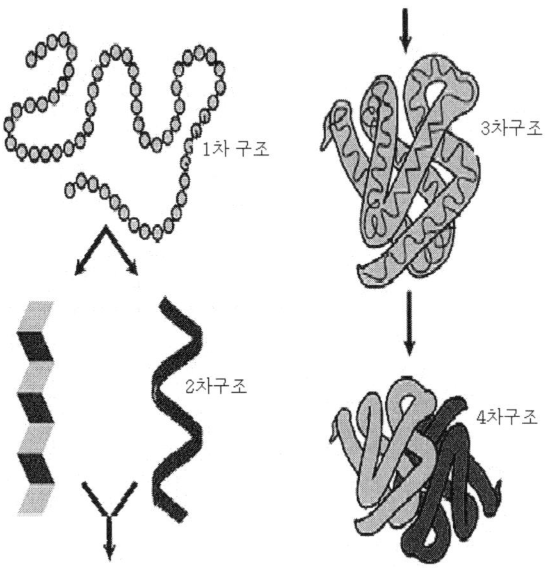

그림 3-10 단백질 구조

3 형태에 따른 단백질의 분류

가. 섬유상 단백질

실크 단백질은 여러 폴리펩타이드 사슬의 아마이드기 간에 수소 결합에 의해 β-pleated sheet 구조를 가진 섬유상 단백질이다. 또 다른 섬유상 단백질로는 양모와 머리카락 등의 keratin이 있다. keratin은 α helical protein chain이 로프처럼 꼬인 섬유상 구조를 나타낸다. 이러한 keratin은 피부, 모피, 머리카락, 양모, 발톱, 손톱, 뿔, 비늘, 털 등에 존재한다.

나. 구상 단백질

구상 단백질은 공 모양의 단백질로 인슐린, 헤모글로빈, 알부민, 글로불린 및 효소가 해당된다.

4 단백질 변성

단백질의 변성은 단백질의 2차 또는 3차 구조가 변형되는 것을 의미한다. 단백질 1차 구조는 공유 결합으로 이루어져 있기 때문에 일반적인 단백질 변성 요인에 의해서는 변성이 되지 않는다. 단백질의 2차 구조인 α helix와 β sheet 구조가 변형되면 단백질의 3차 구조가 풀리게 되는 데 이로 인해 단백질이 변성된다. 단백질의 3차 구조도 수소 결합, salt bridge, disulfide bonds, 비극성 소수성 결합에 의해 유지되어 있는 데 다양한 요인에 의하여 결합이 방해되면 단백질의 변성이 일어난다.

가. 가열

단백질을 가열하면 운동 에너지가 증가되어 단백질 분자의 진동이 증가되고 그에 따라 수소 결합과 비극성 소수성 결합이 파괴되어 단백질의 구조가 변형된다. 단백질은 구조가 풀리어 변성되면 일반적으로 소화가 잘된다. 달걀의 경우에는 가열에 의해 단백질의 응집이 일어난다. 또한 미생물을 가열하면 미생물의 단백질이 변성되어 미생물이 사멸되므로 식품 속에 오염된 미생물 사멸을 위해 가열처리를 주로 사용한다.

나. 알콜

단백질에 알콜을 첨가하면 단백질 2차 구조의 아마이드 그룹간의 수소 결합과 다양한 아미노산의 3차 구조의 side chain 간의 수소 결합이 파괴되어 변성된다. 70% 알콜을 처리하면 세균의 세포벽을 침투하여 세포 내 단백질과 효소를 효율적으로 변성시킨다. 95%의 알콜은 세포벽을 응고시켜 알콜이 세포 내 침투가 어려워진다. 알콜은 분자간의 side chain의 수소 결합을 변형시키고, 알콜 분자와 단백질의 side chin간의 새로운 수소 결합을 형성한다(그림 3-11).

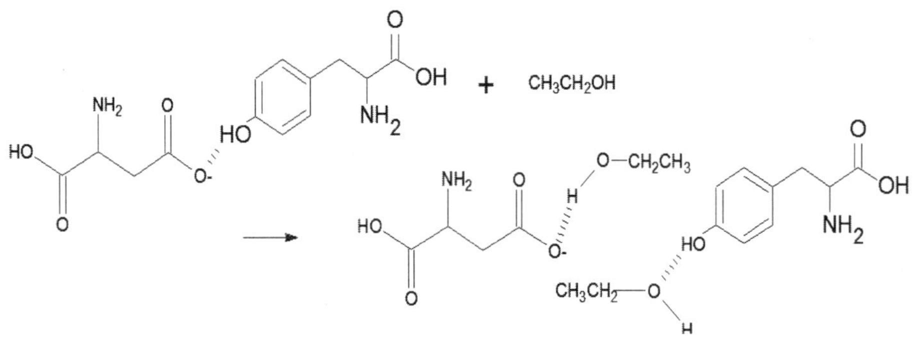

그림 3-11 알콜에 의한 단백질 변성

다. 산과 염기

단백질의 3차 구조를 안정화시키는 salt bridge는 +전하를 띤 암모늄기와 -전하를 띤 카복실기 간의 이온 상호작용이다. 다양한 단백질의 전하를 띤 side chain이 이온 결합을 통해 salt bridge를 형성한다. 산 또는 염기의 첨가는 이온 전하 간에 형성된 salt bridge를 파괴한다. 산 또는 염기를 첨가하면 기존의 side chain 간의 이온 상호작용 대신 새로 첨가된 산과 염기와 이온 결합이 형성되어 단백질이 변성된다. 예로 우유를 섭취하면 소화기간인 위에서 위산에 의해 변성되어 응집된다(그림 3-12).

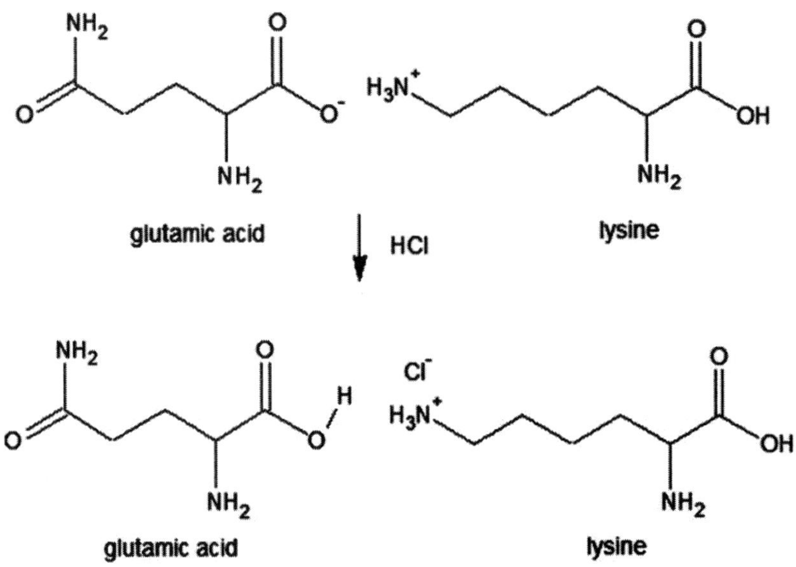

그림 3-12 산에 의한 단백질 변성

라. 중금속

중금속은 앞의 산, 염기와 동일한 방법으로 중금속 염을 형성하여 단백질을 변성시킨다. Hg^{+2}, Pb^{+2}, Ag^{+1}, Cd^{+2}와 같은 중금속은 전하를 띠고 있어 단백질의 salt bridge를 파괴하고 불용성 중금속 단백질 염을 형성한다. 또한 중금속은 황과 반응성이 높아 disulfide bond를 파괴하여 단백질을 변성시킨다.

마. 환원제

Cystine의 disulfide bond는 cysteine의 sulfhydryl기의 산화에 의해 형성된다. 따라서 역으로 환원제를 첨가하면 disulfide bond가 분해되어 2개의 cysteine이 형성되어 3차원 구조가 변형되어 단백질이 변성된다(그림 3-13).

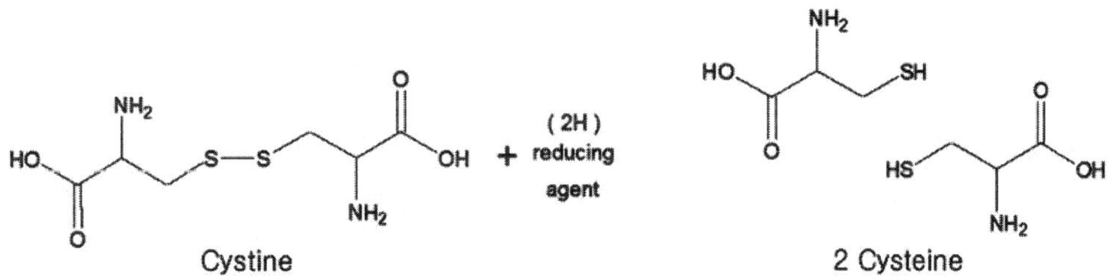

그림 3-13 환원제에 의한 단백질 변성

5 단백질 분석

가. Kjeldahl 방법

식품 속의 단백질 함량을 구하는 가장 대표적인 방법은 식품의 질소 함량을 구한 후 단백 계수(6.25)를 곱하여 조단백질 함량(%)으로 나타내는 방법이다.

Kjeldahl 방법은 식품을 황산을 넣고 가열하여 식품 속의 질소 화합물을 황산 암모늄형태로 분해하는 분해(diestion)단계, 알칼리 상태에서 가열하여 암모니아를 유리시키는 증류(distillation)단계, 유리된 암모니아 함량을 측정하는 적정(titration)단계로 이루어져 있다.

1) Digestion(분해단계)

Organic N + H_2SO_4 →

$(NH_4)_2SO_4$ + H_2O + CO_2 + 기타 부산물

2) Distillation(증류단계)

ammonium sulfate heat ammonia gas

$(NH_4)_2SO_4$ + 2NaOH → $2NH_3$ + Na_2SO_4 + $2H_2O$

3) Titration(적정단계)

가) Back titration

$2NH_3$ + $2H_2SO_4$ → $(NH_4)_2SO_4$ + H_2SO_4

$(NH_4)_2SO_4$ + H_2SO_4 + 2NaOH →

Na_2SO_4 + $(NH_4)_2SO_4$ + $2H_2O$

나) Direct titration

NH_3 + H_3BO_3 → $NH_4^+H_2BO_3^-$ + H_3BO_3

$2NH_4^+H_2BO_3^-$ + H_2SO_4 → $(NH_4)_2SO_4$ + $2H_3BO_3$

나. Lowry assay

Lowry 반응은 2가지 반응으로 이루어져 있다. 단백질의 peptide 결합과 구리 이온이 복합체를 형성하는 반응과, tyrosine과 tryptophan 잔기에 의한 Folin-Ciocalteu reagent(phosphate molybdenum acid-tungsten acid)의 환원반응이다. 환원된 Folin-Ciocalteu reagent은 청색이므로 500 ~ 750nm에서 검출된다. 즉, 알칼리 조건하에서 Cu^{2+}와 반응시킨 다음 Folin시약을 첨가하면 Cu^+에 의하여 phosphate molybdenum acid-tungsten acid complex가 환원되어 파랗게 발색된다. 감도는 0.2 ~ 2mg/ml이지만 detergents, carbohydrates, glycerol, Tricine, EDTA, Tris, potassium compounds, sulfhydryl compounds, disulfide compounds, magnesium, calcium에 의해 저해받는다.

다. 280nm UV assay

UV를 이용한 분석방법은 tyrosine과 tryptophan의 측쇄가 280nm 자외선을 흡수하는 특성을 이용하여 280nm 흡광도를 측정하여 단백질을 측정하는 방법이다. 단백질이 가장 잘 흡수 하는 파장은 205nm이지만 이 파장은 다른 많은 물질들도 잘 흡수 하는 영역이기 때문에 그 영향을 최소화 하고자 280nm를 이용하여 단백질을 정량한다.

6 효소

동·식물, 미생물과 같은 생명체는 생명을 유지하기 위해서 이화반응과 동화반응을 통하여 생체 성분을 일정하게 유지하여야 한다. 이화반응은 영양원으로 섭취한 탄수화물, 지질, 단백질 등을 저분자로 분해하는 반응을 의미한다. 동화반응은 저분자 물질을 이용하여 단백질, 지질 등의 고분자를 합성하는 반응이다. 이러한 이화반응과 동화반응을 합하여 대사라고 한다. 생체에서는 이러한 대사를 조절하기 위해 생체 촉매인 효소를 이용한다.

가. 효소의 특성

효소는 생체 촉매이며, 단백질로 구성되어 있고, 기질 특이성을 나타낸다. 따라서 효소는 반응 속도를 증가시키나 반응 전후에 효소 자신은 변하지 않고, 단백질의 변성 조건에서 변성되며, 하나의 효소는 하나의 기질에 작용하는 특징을 가진다.

1) 촉매 작용

효소는 반응의 활성화 에너지를 낮추어 촉매작용을 한다. 활성화 에너지(activation energy)는 화학반응이 일어나기 위해 극복해야하는 에너지를 의미한다. 즉, 화학반응이 시작되기 위해서는 반응물 입자의 유효 충돌이 일정한 양 이상이어야 하는데 유효 충돌에 필요한 최소한의 에너지가 활성화 에너지이다(그림 3-14).

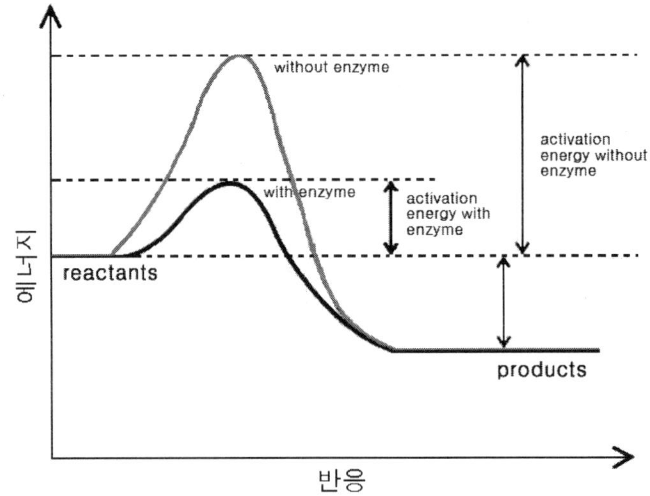

그림 3-14 효소의 활성화 에너지 감소

2) **효소 반응속도론** (enzyme reaction kinetics)

단일 기질의 효소 촉매반응의 속도는 Michaelis-Menten식으로 구한다. 효소는 기질 농도가 높으면 활성부위 모두가 기질과 결합하여 포화상태가 된다. 효소 반응은 효소[E]와 기질[S]이 가역적으로 복합체인 [ES]를 형성하는 단계와 [ES] 복합체가 [E]와 [P]로 비가역적으로 해리되는 단계로 이루어진다.

$$E+S \underset{k-1}{\overset{k+1}{\rightleftharpoons}} ES \xrightarrow{k_2} E+P$$

[ES]는 빠른 속도로 형성되고 K_2는 무시되는 반응초기 상태로 가정하여 구한 Michealis-Menten 식은 다음과 같고 그래프는 **그림 3-15**와 같다.

$$v = \frac{V_{\max}[S]}{[S]+K_m}$$

최대 반응속도(Vmax)의 절반이 되는 지점의 기질 농도가 Km(Micaelis상수)이다. Km을 구하기 위해서는 Michaelis-Menten 도표는 곡선이므로 이 식을 선형화하여 Lineweaver-Burk 식으로 구한다.

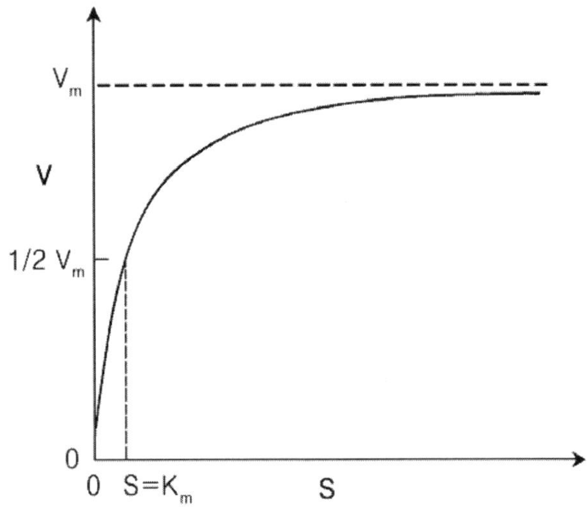

그림 3-15 Michaelis-Menten 그래프

Lineweaver-Burk 식은 Michaelis-Menten을 역수로 전환하여 다음과 같이 구하며 도표는 그림 3-16와 같다.

$$\frac{1}{v} = \frac{1}{V_{\max}} + \frac{K_m}{V_{\max}} \cdot \frac{1}{[S]}$$

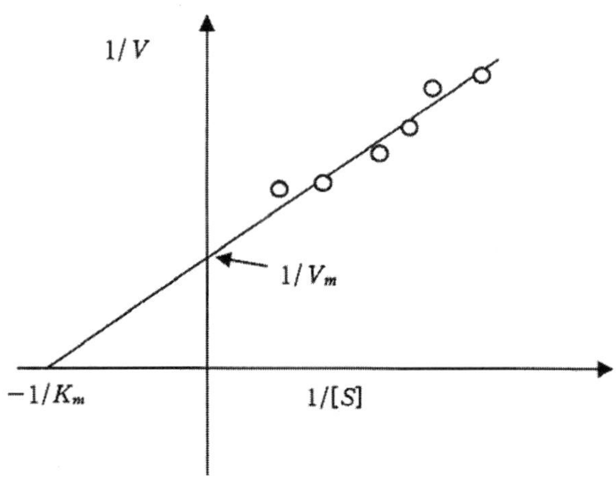

그림 3-16 Lineweaver-Burk 도표

나. 조효소

효소는 단백질로만 이루어진 것도 있지만 일부 효소는 단백질 이외의 보조인자가 필요하다. 보조인자에는 효소와 강하게 결합되어 있는 보결족(prosthetic group)과 느슨하게 결합되어 있는 유기화합물로 이루어진 조효소(coenzyme)가 있다. 중요한 조효소는 비타민 B와 그 유도체이다(표 3-3). 이 중 중요한 산화환원 보조 효소로는 nicotinamide adenine dinuleotide(NAD^+)가 있다(그림 3-17). NAD^+에는 산화환원이 일어나는 nicotineamide부위를 가지고 있으며 nicotinic acid가 비타민 niacine이다(그림 3-18).

표 3-3 보조 효소의 종류 및 특성

조효소	반응 유형	비타민과 유도체
Biotin	카복실반응	Biotin
Coenzyme A	아실기전달	Pantothenic acid
Flavine coenzyme	산화/환원반응	Riboflavin(B2)
Lipoic aicd	아실기 전달	–
Nicotinamide adenine coenzyme	산화/환원반응	Niacine
Pyridoxal phosphate	아미노전이반응	Pyridoxine
Tetrahydrofolic acid	단소 단위체 전달	Folic acid
Thiamine pyrophophate	알데하이드 전달	Thiamine(B1)

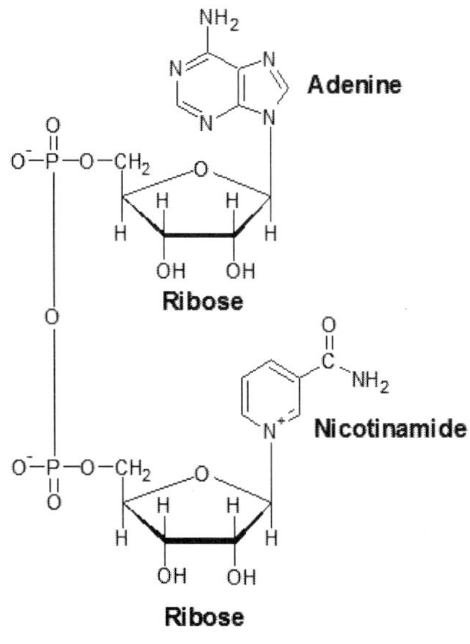

그림 3-17 Nicotinamide adenine dinuleotide(NAD^+) 구조

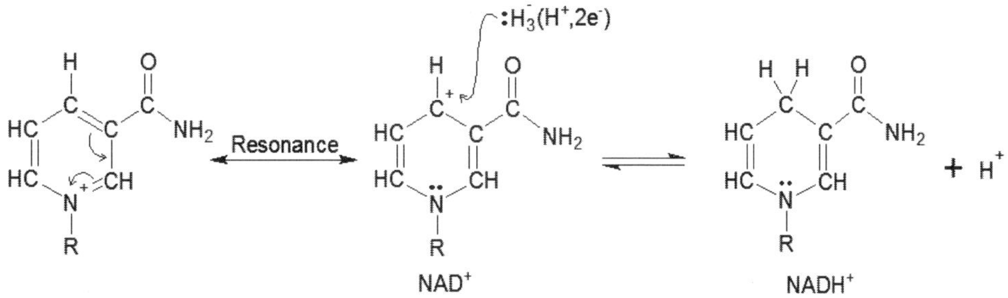

그림 3-18 니코틴 아마이드의 산화 환원 반응

다. 저해제

1) Competitive inhibition(경쟁 저해)

경쟁적 저해제는 효소의 기질과 형태가 유사하며 효소의 active site에 결합한다. 따라서 저해제와 기질이 동시에 효소에 결합할 수 없다. 경쟁 저해는 기질의 농도를 증가함으로서 극복할 수 있다. 예를 들면 succinic dehydrogenase의 기질인 succinic acid와 malonic acid는 구조가 매우 유사하다. 두 물질은 succinic dehydrogenase의 활성부위에 결합을 경쟁한다. Malonic aicd가 active site에 결합하면 효소의 활성은 저해된다. 이러한 저해를 경쟁 저해(competitive inhibition)라고 한다(그림 3-19).

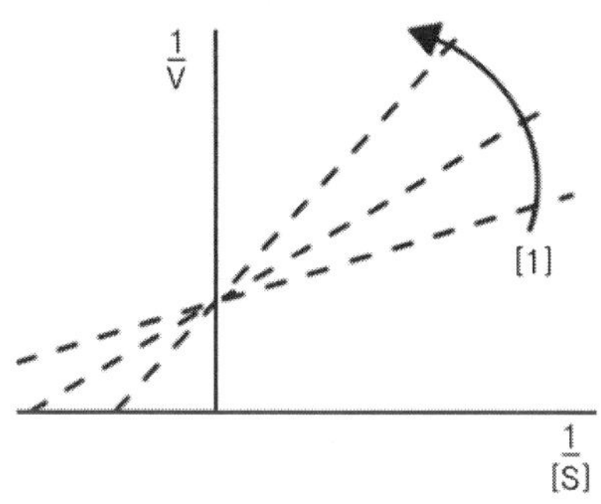

그림 3-19 경쟁적 저해

2) Non-competitive inhibition(비경쟁 저해)

하나의 화합물이 효소에 결합하면 효소의 active site가 변형된다. Active site의 형태가 변형되면 기질과 효소가 반응할 수 없다. 비경쟁 저해는 저해제의 농도에 따라 활성 속도가 정해진다. Cyanide는 호흡에 관여하는 효소에 결합하여 효소 형태를 변형함으로서 효소 활성을 저해하여 인체에 독으로 작용한다. 이러한 저해를 비경쟁 저해(Non-competitive inhibition)라고 한다(그림 3-20).

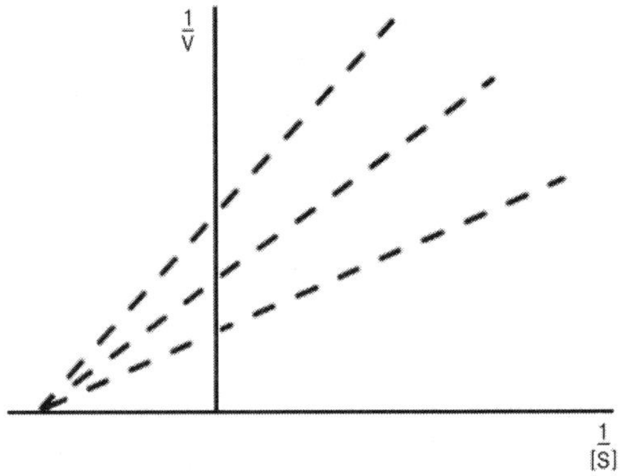

그림 3-20 비경쟁적 저해

3) Mixed inhibition(혼합 저해)

저해제와 기질 모두 동시에 효소에 결합할 수 있다. 그러나 저해제가 결합되면 기질의 결합에 영향을 주고, 기질이 효소에 결합하면 저해제의 효소 결합에 영향을 끼친다.

혼합 저해는 기질의 농도를 증가시키면 저해 속도를 줄일 수 있다. 이러한 저해제는 효소의 다른 부위에 결합하여 효소의 3차 구조(conformation)가 변형되는 allosteric effect 때문이다(그림 3-21).

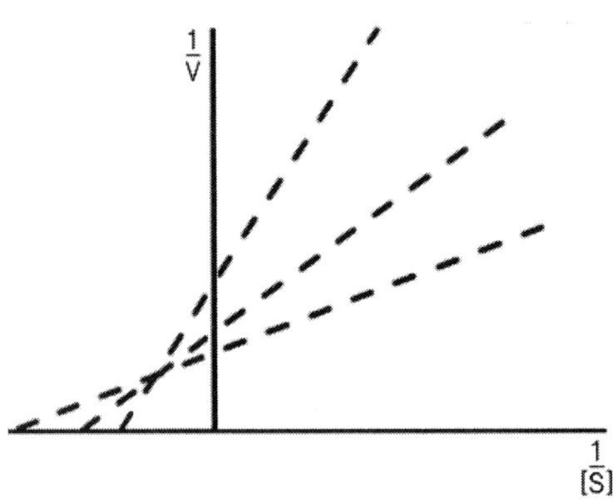

그림 3-21 혼합 저해

라. 효소 활성 조절 인자

효소의 활성은 온도, pH, 기질의 농도에 영향을 받는다. 효소는 pH 변화에 따라 영향을 받는다. 가장 활성이 높은 pH를 최적 pH라고 한다. 최적 pH보다 높거나 낮은 pH에서는 대부분 효소가 불활성화된다. 효소활성에는 온도와 pH 뿐 아니라 이온 강도도 영향을 미친다.

1) 온도

효소 활성은 온도가 높을수록 증가하며 일반적으로 온도가 10℃ 증가하면 속도가 2배 증가한다. 그러나 온도가 40℃ 이상에서는 효소의 활성 부위가 변성되어 효소가 불안정해진다. 50℃이상에서는 대부분의 효소는 불활성화되나 일부 세균 유래 효소는 내열성을 가진다.

2) pH

효소 종류에 따라 최적 pH가 달라진다(표 3-4). 위의 소화 효소인 pepsin의 최적 pH는 1 ~ 2이지만, trypsin은 pH 7 ~ 9의 알칼리 영역이 최적 pH이다.

표 3-4 효소의 최적 pH

효소	최적 pH
Lipase (pancreas)	8.0
Lipase (stomach)	4.0~5.0
Pepsin	1.5~1.6
Trypsin	7.8~8.7
Urease	7.0
Invertase	4.5
Maltase	6.1~6.8
Amylase (pancreas)	6.7~7.0
Amylase (malt)	4.6~5.2
Catalase	7.0

3) 기질 및 효소 농도

일정한 효소 농도에 기질의 농도가 증가하면 반응속도가 증가한다. 효소의 활성부위에 기질이 모두 결합하면 반응속도가 일정해진다. 다른 조건이 동일한 경우 반응속도는 효소의 농도와 양의 상관성을 가진다. 기질의 농도가 줄어들면 반응속도는 일정해진다.

4) 특이성

효소는 촉매하는 반응과 기질에 특이성을 가진다. 이러한 특이성은 효소와 기질 간의 상호 보완적인 구조(complementary shape)와 전하, hydrophilic 및 hydrophobic 결합 특성 때문이다. 기질 특이성은 1종류의 기질에만 작용하는 경우와, 유사한 화합물 군에 작용하는 경우가 있다. 광학이성체에 대해서도 특이성을 나타낸다. 효소의 기질특이성으로 인하여 생체대사가 조절된다. 대표적인 예로 "Lock and Key" model이 있다.

마. 효소의 분류

효소는 종류가 매우 많고, 특성이 복잡하므로 1961년 국제 생화학연합의 효소 위원회에서 효소 반응에 따라 분류하였다(표 3-5).

표 3-5 효소의 분류

그룹	계통명	반응형식	예
1	산화환원효소 (Oxidoreductase)	산화-환원 반응, 탈수소반응, 수소첨가반응	Dehydrogenase, Oxidase, Peroxidase
2	전이효소 (Transferase)	methy기, acetyl기, 인산과 아미노기를 전이	Carboxylase, Transmethylase, Transaminase
3	가수분해효소 (Hydrolase)	화학결합 절단에 물을 첨가하여 촉매	Peptidase, Esterase, Phosphatase
4	제거효소 (Lyase)	비가수적인 방법으로 어떤 기를 분리하여 2중결합 또는 3중 결합을 남기는 반응 및 역반응 촉매	Deaminase, Decarboxylase, Dehydratase
5	이성화효소 (Isomerase)	분자내 재배열을 촉매, 기질의 구조는 변하나 원자 조성은 변하지 않음	Mutase, Epimerase
6	합성효소 (Ligase)	두기질의 화학 결합을 촉매	Carboxylase

바. 단백질 분해 효소

단백질 분해 효소는 촉매 작용에 따라 endopeptidase와 exopeptidase로 나눈다.

1) Endopeptidase

가) Serine protease

효소 활성 부위에 serine이 있고 알칼리에서 최대 활성을 나타낸다.

나) Cysteine protease

효소 활성 부위에 cysteine이 있고 중성영역에서 최대 활성을 나타낸다. Trypsin과 chymotrypsin이 있다.

다) Aspartic protease

효소 활성 부위에 aspartic acid가 있고 산성영역에서 최대 활성을 나타낸다. Pepsin이 있다.

라) Metalloprotease

효소 활성 부위에 Zn이 있고 중성영역에서 최대 활성을 나타낸다. Ca^{2+}이 안정화시키며 chelating agents(예 EDTA)는 효소를 저해한다.

2) Exopeptidase

가) Aminopeptidase(N terminus)

널리 존재하나 대부분이 세포내와 세포막에 존재하므로 분리하기 어려워 식품 가공용으로 사용하기에 가격이 비싸다. *Streptomyces griseus*에서 분리한 Pronase가 있다.

나) Carboxypeptidase

Serine carboxypeptidase, Metallocarboxypeptidase , Cysteine carboxypeptidase가 있다. 곰팡이에서 분리한 상업적 효소에는 상당량의 carboxypeptidase가 함유되어 있다.

7 수산물의 단백질

가. 어패류의 근육 조직

1) 어피 및 근육 조직

어체 표면은 껍질(skin)로 덮여 있고, 그 절단면은 그림 3-22 및 그림 3-23과 같다. 여러 겹의 세포로 이루어진 표피(epidermis)와 여러 겹의 결합조직(connective tissue)으로 된 진피(dermis)로 이루어져 있다. 표피에는 점액을 분비하는 점액선(mucous gland)이 분포하고 있고, 진피에서 비늘이 발생된다. 상어와 가오리와 같은 판새류는 비늘이 표피에서 발생된다. 표피와 진피사이에는 색소세포(pigment cell)가 병렬되어 있고 그 밑에 피하 지방층이 있다. 어체는 가축에 비하여 조직이 약하고 지방층도 얇다.

근육 조직적으로는 어육에는 적색육(혈합육)이 있고, 근원섬유를 둘러싼 결합조직도 축육에 비하여 적다. 또한 근섬유 크기도 축육에 비하여 짧고 약간 두껍다. 즉, 어류의 조직은 연약하여 외부의 자극에 쉽게 파괴되어 부패세균의 침입을 받기 쉽다.

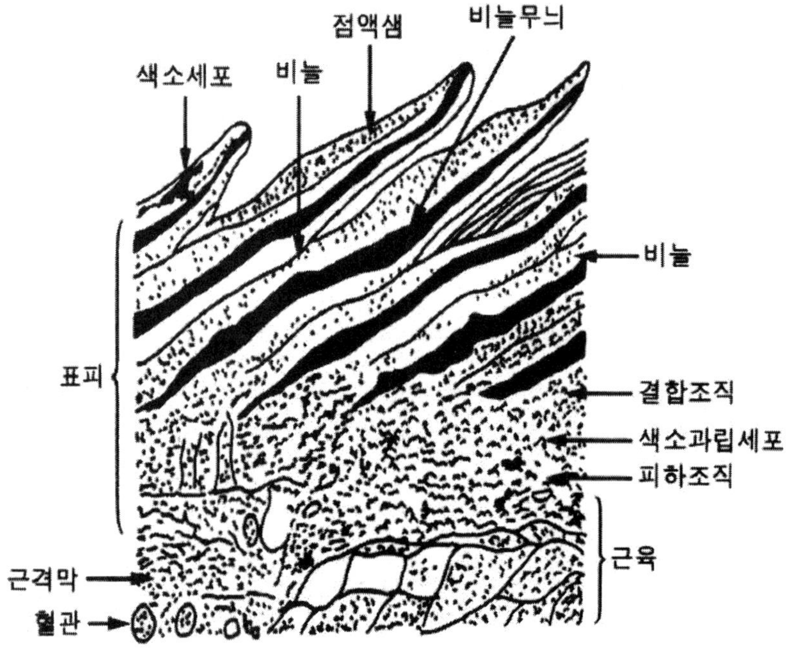

그림 3-22 어류 표층부의 단면

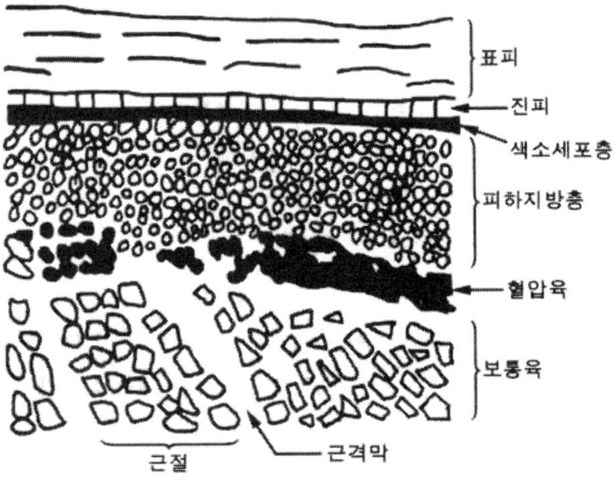

그림 3-23 고등어의 근육

오징어의 육 조직은 어류와 달리 근섬유가 가마니처럼 배열되어 있다(그림 3-24). 표피층은 4겹으로 되어 있는 데 표피로부터 각각의 두께가 200, 150, 60, 40㎛ 정도이다. 1겹과 2겹은 방향성이 없는 그물 구조이며 핵을 가지고 있다. 1겹과 2겹 사이에 색소세포층이 있다. 3번째 껍질은 가장 핵이 풍부하며 근육과 유사한 구조이다. 4겹은 종 방향으로 뻗어 있는 섬유성 결합 조직으로 근육과 강하게 결합되어 있다. 오징어 육을 가열하면 표피 쪽으로 둥글게 말리는 것은 이 4번째 섬유성 표피 때문이다.

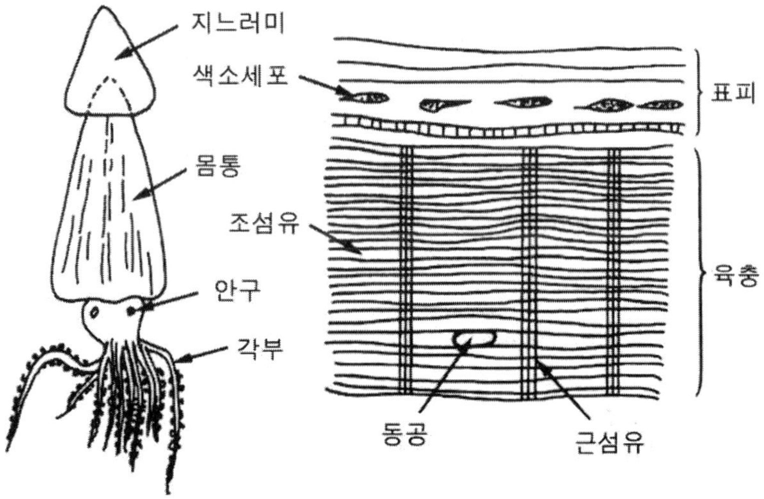

그림 3-24 오징어의 육조직

또한 내장 쪽으로도 얇은 섬유성 결합 조직이 있어 표피를 완전히 제거하여 가열하면 이 섬유성 조직 때문에 오징어 근육이 내장 쪽으로 둥글게 말린다. 오징어의 근육은 몸통 축과 나란히 배열된 근섬유 함량이 직각으로 배열된 근섬유에 비하여 적어 몸통 축의 직각 방향으로 잘 찢어진다.

2) 적색육(혈합육)과 보통육

척추동물의 근육은 횡문근(striated muscle)과 평활근(smooth muscle)로 나누어진다. 횡문근에는 골격근(skeletal muscle)과 심근(cardiac muscle)이 있다. 어류의 골격근에는 보통육(light muscle)과 적색육(혈합육, dark muscle)이 있는데 이는 각각 축육의 fast muscle과 slow muscle에 해당한다(그림 3-25).

적색육은 암갈색의 진한 근육으로 보통육과 조성의 차이가 많이 난다. 적색육은 보통육에 비하여 수분은 적으나 지질은 많다(표 3-6). 또한 적색육에는 myoglobine 등의 색소 단백질이 많고 결체조직과 비타민 및 효소가 풍부하다.

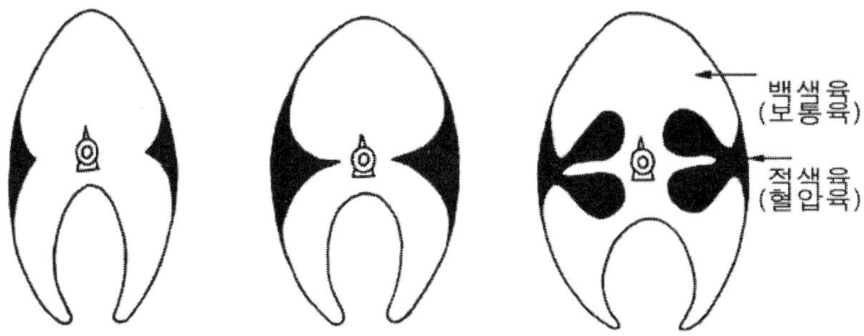

그림 3-25 어류의 적색육의 분포

표 3-6 정어리와 고등어의 보통육과 적색육의 구성성분

조성	정어리		고등어	
	적색육	보통육	적색육	보통육
단백질(%)	14.64±1.26	13.74±1.15	17.14±0.68	17.54±1.27
지질(%)	4.77±0.38	0.52±0.20	0.99±0.43	0.27±0.22
수분(%)	78.88±0.24	81.57±0.05	78.93±0.40	79.37±0.32
미오글로빈 (mg%)	14.27±0.47	2.18±0.28	4.88±0.08	1.37±0.46

적색육은 일반적으로 참치, 가다랑어, 정어리 등 회유성 어족에 많이 함유되어있다(표 3-7). 적색육은 지속적인 유영운동에 적합하고, 보통육은 급격한 운동에 적합하다. 무척추 동물에도 횡문근과 평활근이 있고, 연체 동물에는 사문근(obliquely striated muscle)이라는 근육 조직이 있다.

표 3-7 보통육에 대한 적색육의 비율(%)

어종	정어리	꽁치	청어	고등어	방어	상어	삼치	가물치
적색육	31.1	23.3	19.5	18.1	16.4	6.9	4.5	0.5

정어리와 고등어 보통육과 적색육의 질소 성분은 표 3-8과 같다. 비단백질 질소는 적색육에 비하여 보통육에 약간 많이 함유되어 있다.

표 3-8 정어리 및 고등어 근육의 질소 성분 함량

조성 (mgN/g근육)	정어리		고등어	
	적색육	보통육	적색육	보통육
비단백질 질소	4.84	5.33	7.10	7.85
Sarcoplasmic protein	8.16	6.79	8.39	7.98
Myofibrilar protein	16.69	17.60	24.40	25.89
Alkali soluble protein	13.15	10.88	6.60	2.77
Stromal protein	2.09	0.95	1.05	0.37

나. 근육의 미세 구조

골격근은 직경 10 ~ 100㎛의 근섬유(muscle fiber)가 다수 모인 것이다. 근섬유 내부에는 1㎛의 근원섬유(myofibril)가 함유되어 있다. 근원섬유 둘레에는 근소포체(sarcoplamic reticulum)가 존재한다. 근육 수축은 신경계로부터 자극이 근소포체로 전달되면 근원섬유 내부로 Ca^{2+}이 방출되어 일어난다(그림 3-26).

근섬유의 횡문 구조는 어두운 부위와 밝은 부위가 반복되어 이루어져 있다.

어두운 부위를 A밴드(anisotropic band), 밝은 부위를 I band(isotrpic band)라고 한다. A밴드와 I밴드에는 각각 밝기가 다른 부분이 존재하는 데 이를 각각 H대와 Z대라고 한다. A 밴드와 I밴드에는 직경이 각각 10 ~ 11 및 5 ~ 7mm인 두꺼운 필라멘트(thick filament)와 가느다란 필라멘트(thin filament)가 존재한다(그림 3-27, 3-28).

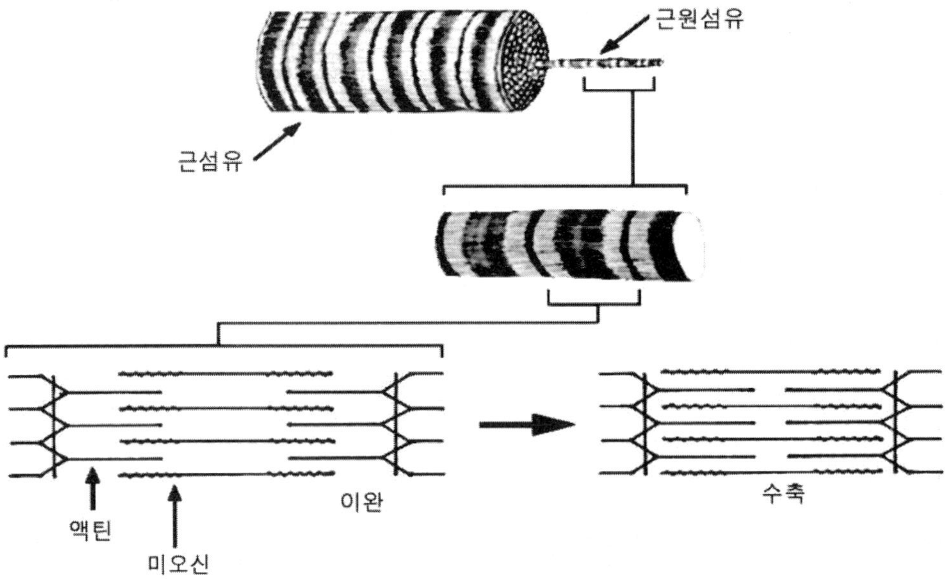

그림 3-26 근섬유 구조

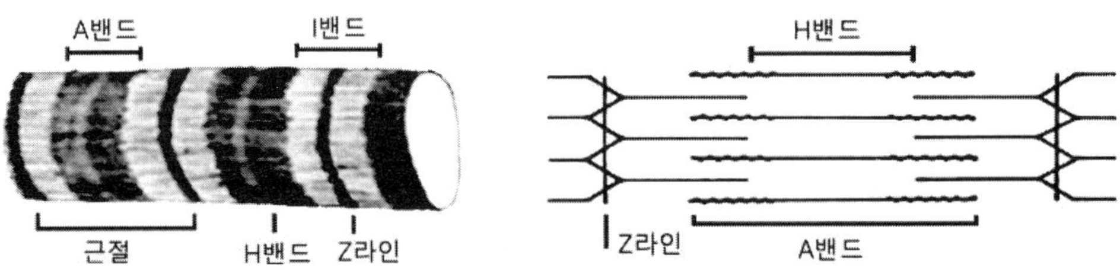

그림 3-27 근원섬유 구조

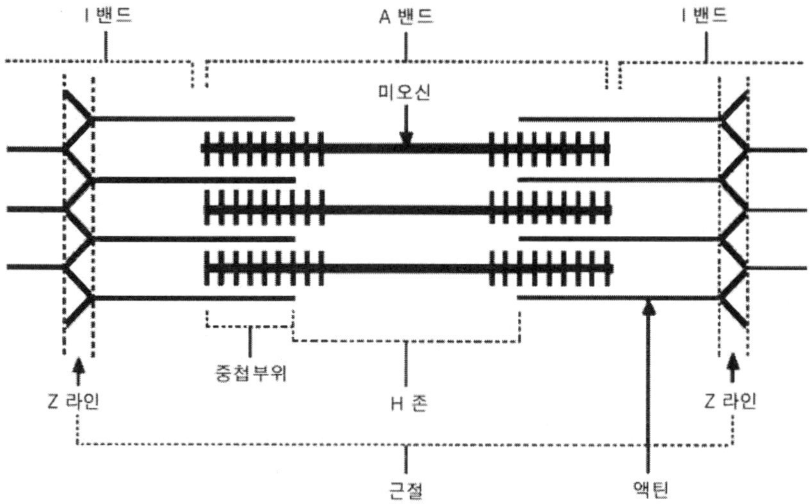

그림 3-28 근원섬유 단백질

다. 근육 단백질의 조성

근육 단백질은 중성염에 대한 용해성에 따라 수용성(이온 강도 0.05이하의 용액에 녹음)인 근형질 단백질, 염용성(이온 강도 0.5이상의 중성 염용액에 녹음)인 근원섬유 단백질, 불용성(염용액에 불용)인 근기질 단백질로 나눈다(표 3-9). 어류 근육 중 근형질, 근원섬유, 근기질의 함량은 각각 20 ~ 30%, 65 ~ 70%, 3%이다. 포유동물 근육은 근원섬유 단백질이 40% 정도, 근기질 단백질이 17% 정도로 근원섬유 단백질 함량은 어류가 높고, 근기질 단백질 함량은 포유동물이 어류에 비해 현저히 높음을 알 수 있다(표 3-10).

표 3-9 어류 근육 단백질의 분류

	함량	용해도	존재 장소	예
근형질 단백질	20-50%	수용성 (저 이온강도의 중성 완충용액에 가용)	근세포사이 또는 근원섬유사이	해당효소, 크레아틴나아제, 팔브알부민, 미오글로빈
근원섬유 단백질	50-70%	염용성 (이온 강도 0.5 정도의 중성 완충액에 가용)	근원섬유	미오신, 액틴, 트로포미오신, 트로포닌
근기질 단백질	〈10%	불용성 단백질(고이온강도의 중성완충액에 불용)	근격막, 근세포막, 혈관등의 결합조직	콜라겐

표 3-10 어류 근육의 단백질 조성(%)

어종	근형질 단백질	근원섬유 단백질	근기질 단백질
방어	32	60	3
고등어	30	67	2
꼬치고기	31	65	3
별상어	21	64	9
오징어	12-20	77-85	2-3
대합(패주)	41	57	2
대합(족근)	56	33	11

라. 근원섬유 단백질

1) 근원섬유 단백질의 특성

근원섬유 단백질은 근육의 수축 운동을 담당한다. 어류의 근원섬유 단백질은 축산물의 근원섬유 단백질과 물리적 특성의 차이가 있으나 구성 아미노산의 조성은 유사하다. 근원섬유 단백질을 적절히 변성시키면 겔이 형성되는 데 이를 이용한 제품이 연제품이다. 즉, 마쇄한 어육 단백질에 소금을 첨가하여 염용성 단백질을 추출한 후 전분 등을 첨가하여 가열 후 냉각하면 겔이 형성되어 연제품이 된다. 염를 첨가하면 어류 근원섬유 단백질 중 두꺼운 섬유(thick filament)의 대부분을 차지하는 미오신(myosin)과 가는 섬유(thin filaimint)의 대부분을 차지하는 액틴(actin)이 결합하여 고분자 섬유상 단백질인 액토미오신(actomyosin)으로 된다. 미오신은 ATPase 활성을 가지고 있어 ATP를 분해한 에너지를 이용하여 액틴과 함께 근육의 수축 운동을 한다. 이외에도 근육의 수축과 이완에 관여하는 tropomyosin, troponin 등이 있다. 무척추 동물에는 파라미오신(paramyosin)이 있다.

표 3-11은 근원 섬유 단백질인 미오신, 파라미오신, 액틴, 트로포미오신, 트로포닌의 특성을 나타낸 것이다.

가) 미오신(myosin)

근원섬유 단백질은 근육 단백질의 약 60% 정도를 차지하고, 근원섬유 단백질의 약 50%는 미오신이 차지한다. 따라서 양적으로는 어류 근육 단백질의 가장 중요한 단백질은 미오신이다(그림 3-29). 미오신은 또한 근육 이외의 조직에서도 발견되는 데 물질 수송, 세포질 분열 등 다양한 역할을 한다. 미오신은 다양한 18종이 알려져 있는 데 근육 미오신은 type 2에 속하는 2개의 머리 부위와 가늘고 긴 꼬리 부위를 가지는 특성이 있다. 미오신의 분자량은 약 50만 정도로, 분자량 약 20만의 중쇄(heavy chain) 2가닥과 분자량 약 2만의 경쇄(light chan) 4가닥으로 이루어져 있다. 경쇄는 머리부(subunit-1, S-1)과 꼬리부(rod)의 연결부 부근에서 비공유 결합되어 있다. 미오신의 주요 특성 중 ATPase 활성과 액틴 결합능은 머리 부분에서, 필라멘트 형성능은 꼬리 부위에서 특성을 나타낸다. 미오신의 주요 특성들은 어종, 조직에 따라 다르고, 환경 변화에 따라 적응하여 변한다.

표 3-11 주요 근원섬유 단백질의 특성

	단백질	함량	분자량	Subunit	성상
굵은 필라멘트	미오신	약 50%	약 50만	중쇄(20만) 2가닥과 경쇄(약2만) 4가닥	섬유상 : 꼬리부-filament 형성능 머리부-ATPase 및 액틴결합능
	피라미오신	(~50%)	약 20만	2가닥 (약 10만)	섬유상 : 미오신과 결합
가는 필라멘트	액틴	약 20%	42,000	없음	구상 : F-액틴의 형성, 미오신과 결합, 트로포미오신과 결합
	트로포미오신	약 5%	약 7만2천	2가닥 (약 3만5천)	섬유상 : 액틴과 결합, 트로포닌과 결합
	트로포닌	약 5%	7만~9만	3가닥	구상 : 트로포미오신과 결합(트로포닌T), 액토미오신ATPase를 저해(트로포닌 I), Ca^{2+}과 결합(트로포닌 c)

미오신 ATPase는 Ca^{2+}이나 K^{+}에 의해 활성화된다. Ca^{2+} 존재 할때의 활성을 Ca^{2+}-ATPase 활성이라고 한다. 또 K^{+} 존재 할때의 활성은 EDTA를 첨가하여 Ca^{2+}이나 Mg^{2+}을 흡착한 상태에서 측정하므로 EDTA-ATPase 활성이라고 한다. 생리적 조건인 저이온 강도하의 미오신 ATPase 활성은 Mg^{2+}에 의해서 저해 받지만 액틴이 공존할 시는 활성화된다.

이같이 액틴이 공존할 시 Mg^{2+}-ATPase 활성을 액토미오신 활성이라고 한다. . 어류 보통육의 미오신 Ca^{2+}-ATPase의 활성은 pH 6과 9 부근에 2개의 최적 pH를 갖는다. EDTA-ATPase 활성은 알칼리 쪽에서 높다.

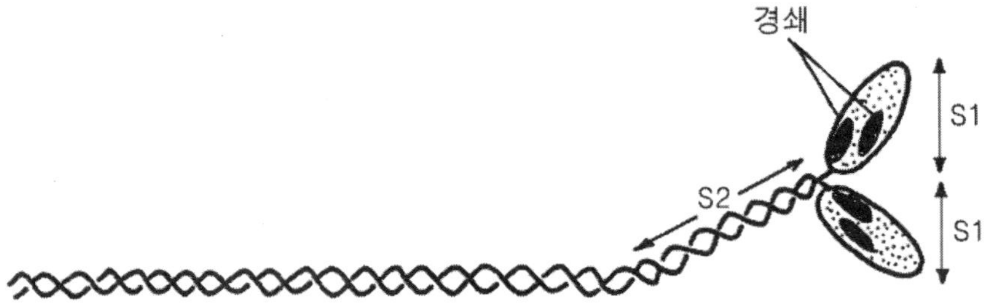

그림 3-29 미오신

나) 액틴(actin)

액틴은 G-액틴이라 불리는 구상 단백질이 연속적으로 연결된 중합 단백질이다. 2개의 액틴 필라멘트가 서로 twist되어 하나의 섬유상 필라멘트를 형성한다. 이들 섬유가닥의 한쪽은 Z-disk에 고정되어 있다. 하나의 G-액틴에 있는 ADP 분자가 액틴 필라멘트의 활성 혹은 결합 site로 여겨진다. 막대 형태의 단백질인 트로포미오신은 G-액틴 6 ~ 7개 길이로 연결되어있다.

트로포닌은 3개의 작은 구형 단백질로 이루어져 있다. 하나는 액틴 필라멘트에 결합되어 있고, 다른 하나는 트로포미오신에, 그리고 나머지 하나는 Ca^{2+}에 결합한다(그림 3-30).

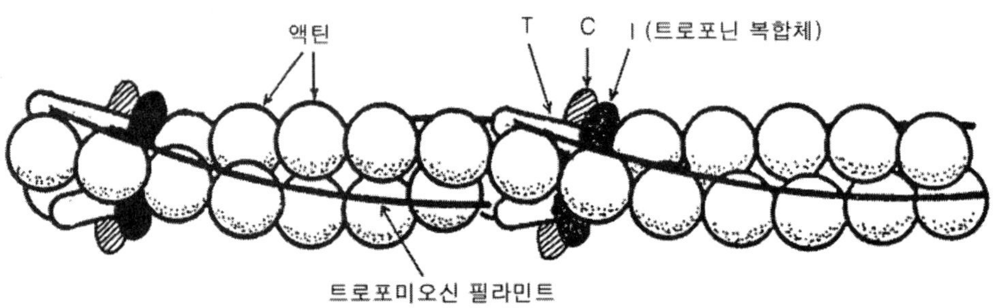

그림 3-30 액틴과 트로포닌

다) 파라미오신(paramyosin)

파라미오신은 무척추 동물 특유의 근원섬유 단백질로 분자량 약 10만의 subunit 2가닥으로 이루어져 있다. 미오신과 동일하게 고 이온강도 용액에 추출되나 ATPase 활성은 없다. 파라미오신에는 aspartic acid, glutamic acid, alanine이 많고, tryptophan이 없는 등 트로포미오신과 유사하다. 절족동물이나 연체동물의 근육의 두꺼운 필라멘트를 형성하는 단백질이다. 굴의 패각근에는 파라미오신의 함량이 근원섬유의 약 40%를 차지한다. 패각 평활근 근육에는 파라미오신이 약 30% 함유되어 있다.

라) 트로포미오신(tropomyosin)

분자량 약 33,000의 subunit가 2가닥으로 이루어져 있다. 트로포미오신은 트로포닌과 더불어 F-액틴에 결합하여 가느다란 필라멘트를 형성하고 액토미오신의 Mg^{2+}-ATPase 활성에 영향을 미친다.

마) 트로포닌(troponin)

분자량 약 70,000의 단백질로 트로포미오신과 결합하는 트로포닌 T, 미오신과 액틴의 상호작용을 저해하는 트로포닌 I, Ca^{2+}과 결합하여 구조 변화를 일으키는 트로포닌 C의 3개의 subunit가 1:1:1 mole비로 중합하여 트로포닌 복합체를 형성한다(그림 3-30). 근육 수축은 신경자극에 의해 근소포체로부터 Ca^{2+}이 방출되면 이것이 트로포닌 C에 결합하여 그 구조를 변화되고 연속하여 트로포닌 I의 구조가 변화된다. 그 결과 트로포닌 I에 의한 미오신과 액틴의 상호작용 억제능이 없어진다. 트로포닌 T는 이 지령을 액틴에 전달하고 액틴과 미오신이 반응하여 Mg^{2+}-ATPase 활성에 의하여 근육이 수축한다. Ca^{2+}이 없는 상태에서는 트로포닌 I에 의해 미오신과 액틴의 상호작용이 억제되어 근육이 이완한다.

바) 티틴(titin)

코넥틴(connectin)이라고도 불린다. 분자량은 약 300 ~ 400만으로 매우 큰 단백질이다. 근원섬유 단백질의 약 10%를 차지하는 데 미오신, 액틴 다음으로 많이 함유되어 있다. 근절(sarcomere)의 약 1/2에 해당하는 길이로 두꺼운 필라멘트를 Z선에 고정하여 수축된 근원섬유를 이완 상태로 돌리는 역할을 담당한다. 콜라겐과는 달리 하이드록시프로린이 함유되어 있지 않다.

2) 근원섬유 단백질의 변성

단백질 변성은 단백질의 3차원 구조가 변성되어 생리적 기능을 잃는 것을 말한다. 단백질의 변성을 일으키는 요인으로는 가열, 동결, 변성제, pH 등이 있다.

가) 액토미오신의 열변성

미오신의 변성에 의한 응집 속도는 낮은 온도에 서식하는 어종일수록 열안전성이 떨어져 빠르게 응집한다. 보통육 액토미오신의 열변성을 Ca^{2+}-ATPase로 측정하면 **그림 3-31과** 같다. 저온에서 서식하는 어종일수록 액토미오신의 변성이 잘 일어난다. 근원섬유 단백질의 열변성 억제에는 당류의 첨가가 효과적이다. 당의 열변성 억제 효과는 당의 농도에 비례하며, -OH기가 많은 당일수록 효과적이다.

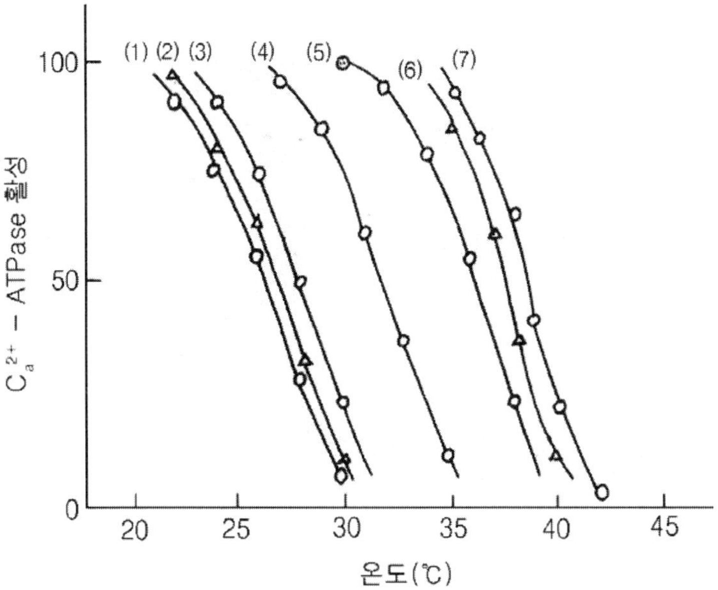

그림 3-31 어류 액토미오신의 Ca^{2+}-ATPase 열변성
(1) 명태, (2) 임연수어, (3) 쥐노래미, (4) 무지개송어,
(5) 잉어, (6) 장어, (7) 틸라피아

나) 동결 변성

근원섬유 단백질의 동결 변성 정도는 최종 냉동 온도와 동결 속도에 따라 달라진다. 동결속도가 빠를수록 변성이 적게 일어난다. 냉동 온도에 따른 변성속도는 다양한 조건에 따라 달라진다. 미오신의 경우 미오신 섬유가 규칙적인 배열을 유지하기 위해서는 전기적 상호작용과 van der Waals 힘이 필요하다. 특히 전기적 상호작용에는 carboxyl기가 관여하므로 pH, 이온강도 뿐 아니라 단백질에 수화된 물도 관여한다. 그러나 어육을 동결하면 자유수 뿐 아니라 수화수도 빙결되므로 단백질이 변성된다. 또한 조직 내의 수분이 동결되면 농축된 염류에 의해 변성이 촉진된다.

이러한 동결 변성 방지는 연제품의 원료인 냉동 고기풀의 산업에 매우 중요하다. 각종 첨가물을 이용하여 어육 근원섬유 단백질의 변성을 조사한 결과 **표 3-12**와 같다.

당이 동결변성 방지효과를 나타내는 것은 당이 첨가됨에 따라 물 분자가 규칙적으로 배열하여 단백질 주위의 물 구조가 강하게 둘러싸므로 단백질이 안정화되기 때문이다.

표 3-12 어류 동결변성 방지에 대한 각종 화합물의 저지 효과

화합물 분류	강한 효과 첨가물	보통 효과 첨가물
당류(Saccharide)	Xylitol	Xylose
	Sorbitol	Ribose
	Glucose	Raffinose
	Galactose	
	Fructose	
	Lactose	
	Sugar	
	Maltose	
아미노산(Amino acid)	Aspartic acid	Lysine
	Glutamic acid	Histidine
	Cysteine	Serine
	Glutathione	Alanine
유기산(Organic acid)	Malonic acid	Adipic acid
	Lactic acid	Acetic acid
	Malic acid	
	Tartaric acid	
	Citric acid	
기타	EDTA	Triphosphoric acid

당류는 -OH기를 많이 가지고 있어 물 분자가 당의 -OH기에 끌려 규칙적으로 배열된다. 동결 변성 방지 효과는 -OH기의 수와 상관성이 높다. 당 이외에도 아미노산과 유기산도 동결 방지 효과를 나타낸다. 아미노산 중 글루타민산과 유기산 중 구연산과 사과산 등처럼 -OH기와 COOH기를 많이 함유한 화합물이 강한 저지 효과를 나타낸다.

마. 근형질 단백질

근형질 단백질의 대부분은 ATP 생산을 위한 해당과정에 관여하는 효소, 산화환원 반응 효소 등과 같은 세포 대사에 활용되는 효소가 대부분을 차지하고 있다. 이외에 산소 저장 기능을 가지고 있는 근육색소인 미오글로빈과 미토콘드리아 등의 세포 소기관에 존재하는 단백질이 있다.

1) 해당 효소

사후에 글리코겐은 혐기적 대사를 통해 glycogen phosphorylase의 작용에 의해 glucose-1-phosphate로 변한 후 최종적으로 lactic acid로 변한다. 이 과정을 통해 총 3 mole의 ATP를 생산한다.

호기적 조건에서는 pyruvate로 변한 후 TCA 회로를 거쳐 생성한 NAD^{+}/$NADH_2$의 산화환원 전위에 의해 전자전달계를 통해 약 40 mole의 ATP를 생산한다.

2) Creatine kinase

근육에 존재하는 creatine phosphate의 인산기를 ADP로 전달하여 ATP를 생산한다. 이 효소는 분자량이 약 8만으로 4만의 subunit가 2가닥으로 되어 있다.

3) Tranglutaminase

근원섬유를 고농도의 염을 가하여 교반하면 액토미오신이 용출되고 상온에 방치하면 탄력이 있는 겔이 형성된다. 이는 transglutaminase(TGase)에 의해 미오신간에 glutamyl-lysie 결합이 형성되었기 때문이다. 이 공유결합은 lysine의 ε-아미노기와 글루타민의 α-카복실기가 반응하여 형성된다(그림 3-32).

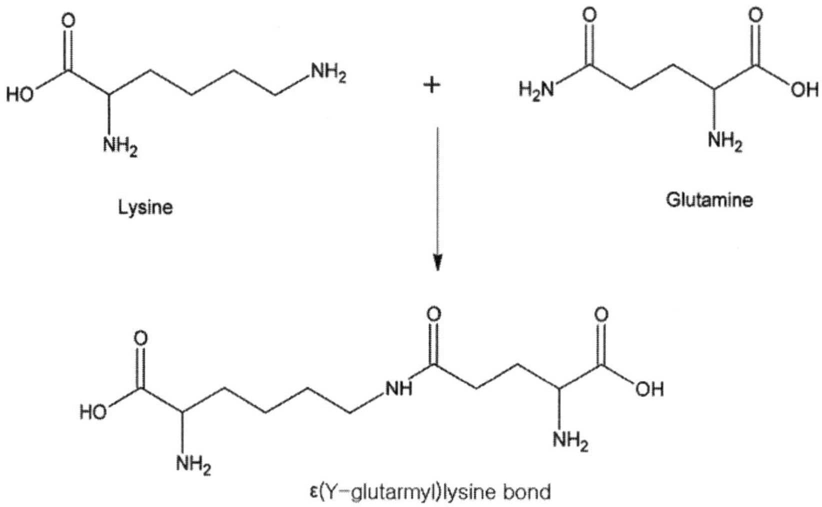

그림 3-32 Transglutaminase의 기작

4) 기타 근형질 단백질

근육 색소인 미오글로빈, 헤모글로빈, cytochrome C 등의 수용성 헴단백질이 있다. 고등어와 정어리 적색육에는 각각 600㎎/100g, 400㎎/100g 함유되어 있다. 날개 다랑어의 적색육에는 미오글로빈이 3,500㎎/100g 이상 함유되어 있다.

바. 근기질 단백질

골격근을 이루는 근섬유 주위에는 근원섬유초라는 결합조직이 있다. 이 결합조직에 함유되어 있는 근기질 단백질은 일반적으로 중성염이나 알칼리 용액에 불용이며 화학적으로 안정하다. 어류 근육의 근기질 단백질의 대부분은 콜라겐이다.

1) 어류 콜라겐의 함량과 분포

콜라겐의 함량은 어종에 따라 다르다. 참돔과 뱀장어의 어체 부위에 콜라겐 함량은 표 3-13과 표 3-14와 같다. 총 콜라겐은 참돔에 26.6%, 뱀장어에 43.2% 함유되어있어 myosine과 더불어 함량이 가장 많은 단백질이다. 어체 부위에 따른 콜라겐 함량은 비늘, 근격막, 복막에 가장 높고, 육에 가장 적게 함유되어 있다.

표 3-13 콜라겐의 어체내 분포 및 함량

부위	참돔	뱀장어
	(콜라겐/조단백질)×100	(콜라겐/조단백질)×100
보통육	4.1	14.7
혈합육	10.8	37.0
내장	4.6	32.9
껍질 · 비늘	80.5	87.3
머리, 뼈, 지느러미	46.1	81.3
총계	26.6	43.2

표 3-14 어류 조직의 콜라겐 분포

조직	어류[1]	
	잉어	곤돌메기
비늘(sacles)	97.7	–
표피(skin)	74.3	69.8
배쪽육(belly muscle)	3.0	1.8
등쪽육(dorsal muscle)	1.8	1.6
적색육(dark muscle)	6.5	4.3
부레(swim bladder)	43.1	24.5
근격막(myocommata)	95.3	43.6
신장(kidney)	7.8	19.8
비장(spleen)	5.6	3.8
위(stomach)	–	37.4
장(intestine)	25.4	55.6
지라(splendic)	2.0	6.6
유문수(pyloric caeca)	–	34.6
심장(cardiac)	0.3	3.9
뼈(bone)	68.0	40.3
난소(ovary)	19.4	18.4
복막(peritonium)	81.9	79.4
쓸개(gall bladder)	79.3	47.0

1) 조단백질에 대한 콜라겐의 백분율

2) 콜라겐의 구조

콜라겐은 유전적인 차이로 인해 다양한 종류가 존재하며 발견순서에 따라 I형에서 XIX형까지 19종이 있다. 어류 콜라겐 중 대부분은 I형이 차지하고 있다. 그림 3-33은 I형 콜라겐의 구조를 나타낸 것이다. I형 콜라겐은 분자량 10만의 α쇄라고 부르는 polypeptide chain 3가닥으로 구성되어 있는데 2종류의 subunit(α1이 2개, α2가 1개)로 구성된 3가닥의 펩타이드 사슬이 나선형 구조를 가지고 있어 $[\alpha 1(I)]_2\alpha 2(I)$로 나타낸다(그림 3-33,a). 콜라겐 섬유는 약 1/4간격 차이로 나란히 배열되어 있어 전자 현미경으로 보면 특징적인 횡문 주기가 관찰된다.

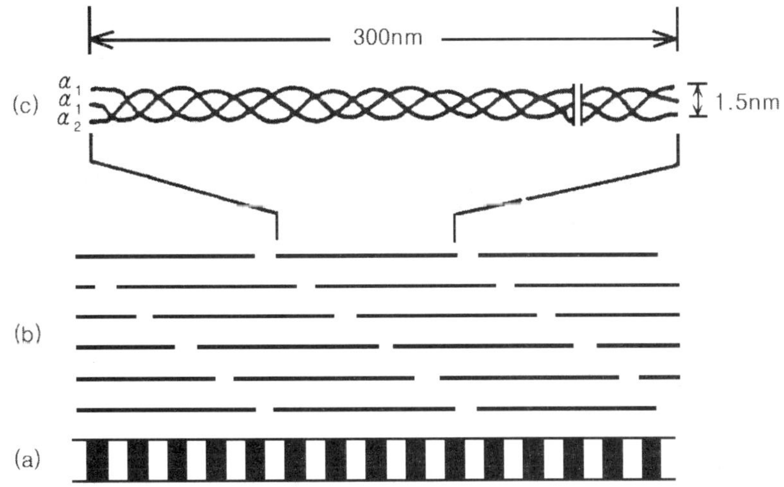

그림 3-33 콜라겐의 구조

3) 콜라겐의 구성 성분

가자미 껍질 콜라겐의 구성 아미노산은 표 3-13과 같다. Glycine이 전체 구성 아미노산의 약 1/3을 차지하고, proline, alanine 및 hydroxyproline이 다량 함유되어 있다. 방향족 아미노산은 거의 함유되어 있지 않다(표 3-15).

어류 콜라겐의 아미노산 조성은 축육 콜라겐의 구성 아미노산과 차이가 난다. 민대구, 대구, 메기의 콜라겐 중 필수 아미노산의 함량은 축육의 콜라겐 보다 높다. 그리고 어류 콜라겐의 경우 축육 콜라겐에 비하여 hydroxyproline의 함량이 적다(표 3-16).

표 3-15 어류 껍질 콜라겐의 아미노산 조성 (잔기수/1,000잔기수)

아미노산	어류껍질			
	각시가자미		참가자미	
	불용성	가용성	불용성	가용성
Hyp	73	68	54	52
Asp	55	56	47	46
Thr	23	28	25	29
Ser	52	49	66	72
Glu	75	81	69	75
Pro	101	97	88	78
Gly	322	316	318	316
Ala	109	99	115	109
Val	23	28	30	33
Met	12	14	14	17
Ile	12	15	18	22
Leu	32	36	36	39
Tyr	2	3	5	5
Phe	18	20	20	20
Hyl	–	–	–	–
Lys	26	26	28	28
His	12	12	13	15
Arg	54	54	54	55

4) 어류 콜라겐의 특성

가) 어류 콜라겐의 열 안전성

콜라겐은 산성 조건하에서 가열하면 37℃ 부근에서 급격히 점성이 저하된다. 콜라겐 3가닥 사슬이 그림 3-34와 같이 풀려진다. 사슬간에 교차결합이 없으면 분자량 10만의 세가닥의 α1사슬이 생기고, α1 사슬과 α1사슬 간에 교차결합이 있으면 분자량 20만의 β(α1-α1)이 생성되고, 3가닥의 α사슬이 서로 교차결합되어 있으면 분자량 30만의 γ(α1-α1-α2)이 생성된다.

어류 콜라겐의 열안정성은 축육에 비하여 낮고, 어종에 따라 다르다. 어류 콜라겐의 변성온도는 어류의 생식 가능온도와 거의 같다. 어류 콜라겐에는 축육 쿨라겐에 비하여 hydroxyproline 함량이 적고 변성 온도도 낮다. 콜라겐의 열안정성은 총 이미노산(proline + hydroxyproline)함량과, hydroxyproline 함량과 정비례한다. 그 이유는 imino산의 pyrorolidine ring이 콜라겐의 2차 구조를 안정화 시키고, hydroxyproline의 수산기는 수소 결합을 통하여 collagen helix를 안정화시키기 때문이다.

표 3-16 어류와 축육 콜라겐의 구성 아미노산 조성 (잔기수/1,000잔기수)

아미노산	상어	대구	민대구	메기	소
Hyp	78.5	40.7(0.3)	43.8(41.2)	41.9(39.5)	109
Asp	42.6	41.5(42.3)	37.1(39.1)	39.4(37.6)	34
Thr	25.8	26.1(25.3)	28.3(30.2)	24.8(25.4)	17
Ser	44.5	60.8(62.9)	49.0(48.3)	66.9(64.2)	36
Glu	65.8	77.4(82.2)	75.6(81.7)	74.2(72.2)	83
Pro	113	89.6(87.6)	89.7(91.5)	87.3(79.2)	113
Gly	333	332.2(313.6)	328.3(323.1)	367.0(311.8)	336
Ala	119	105.6(106.0)	129.0(118.0)	99.1(92.7)	107
Val	21.9	25.2(26.1)	24.2(24.4)	21.8(25.0)	25
Met	10	20.6(20.4)	19.2(20.6)	16.5(19.2)	5
Ile	19.4	17.1(18.6)	12.5(15.6)	11.2(14.5)	12
Leu	23.9	29.7(32.3)	21.7(28.0)	23.6(27.6)	25
Tyr	1.4	5.0(6.0)	2.2(4.3)	3.1(3.6)	3
Phe	13.9	13.8(14.5)	13.9(15.1)	15.1(14.4)	14
Hyl	4.7	7.6(8.2)	6.3(6.7)	6.0(27.6)	8
Lys	24.3	33.1(39.6)	34.0(38.4)	31.5(48.8)	23
His	7.4	11.8(16.3)	11.5(12.7)	9.2(40.4)	5
Arg	50.3	62.5(59.1)	64.6(61.3)	62.1(56.5)	45
필수아미노산량	139.2	165.6(177.3)	153.8(172.3)	144.5(174.9)	121

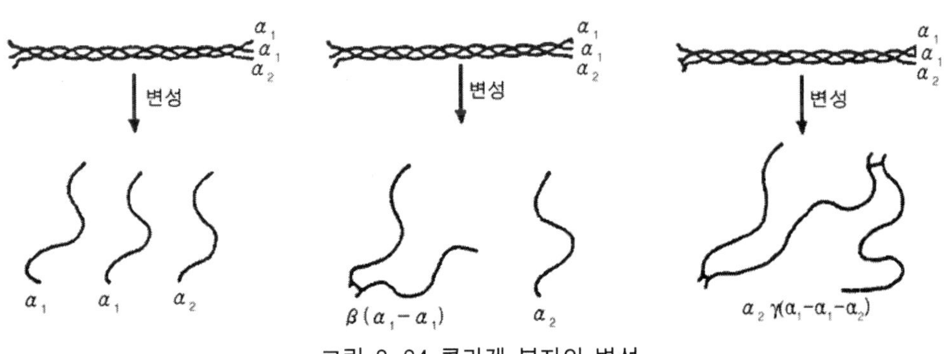

그림 3-34 콜라겐 분자의 변성

어류의 근육과 진피 콜라겐의 특성은 표 3-17과 같다. 진피와 근육 중의 콜라겐의 특성을 비교하면 근육이 진피에 비하여 변성온도가 1℃ 높고, proline의 수화율이 높다. 콜라겐의 열안정성은 hydroxyproline의 함량이 높을수록 높다. 또한 많은 어류 콜라겐의 경우 subunit 조성이 축육과 달리 α1(I)α2(I)α3(I)이다.

표 3-17 어류 콜라겐 I형의 subunit 조성과 열안전성

어종	보통육			진피		
	subunit	변성온도 (℃)	proline의 수화율(%)	subunit	변성온도 (℃)	proline의 수화율(%)
잉어	(α1)2α2	32.5	43.2	(α1)2α2	31.7	39.1
뱀장어	α1α2α3	30.2	40.2	α1α2α3	29.3	35.0
고등어	α1α2α3	26.9	41.1	α1α2α3	26.1	38.6
꽁치	(α1)2α2	24.0	40.4	(α1)2α2	23.0	38.9
연어	(α1)2α2	20.6	38.0	α1α2α3	19.4	35.2

나) 어류 콜라겐의 용해성

진피, 부레, 근육 등의 콜라겐은 저온에서도 중성 염용액이나 묽은 산에서 잘 녹아 가용성 콜라겐을 만들 수 있다. 이는 콜라겐 분자간의 가교 특성 차이 때문이다. 표 3-18은 어류 콜라겐의 용해도를 나타내었다. 전 어종 및 부위에 관계없이 묽은 산에 용해도가 높다.

표 3-18 어피 및 근격막 콜라겐의 용해도

콜라겐	용해도(총 콜라겐에 대한 %)					
	민대구(Hake)		대구(Cod)		메기(Catfish)	
	어피	근격막	어피	근격막	어피	근격막
가용성 (0.5M Nacl)	5.18	5.14	1.49	4.16	2.29	8.26
초산가용성 (pH 3.5)	60.03	54.94	85.88	76.31	62.60	42.00
불용성	34.80	39.92	12.63	19.53	35.11	79.74

8 어류 단백질의 영양가

어류 단백질은 우유, 달걀, 축육과 같이 모든 필수 아미노산을 함유하고 있어 영양학적으로 매우 우수하다(표 3-19).

표 3-19 여러 단백질의 필수 아미노산 (%)

아미노산	단백질			
	어육	우유	소고기	달걀
Lysine	8.8	8.1	9.3	6.8
Tryptophan	1.0	1.6	1.1	1.9
Histidine	2.0	2.6	3.8	2.2
Phenylalanine	3.9	5.3	4.5	5.4
Leucine	8.4	10.2	8.2	8.4
Isoleucine	6.0	7.2	5.2	7.1
Threonine	4.6	4.4	4.2	5.5
Methionine-cystine	4.0	4.3	2.9	3.3
Valine	6.0	7.6	5.0	8.1

표 3-20 근원섬유 단백질의 구성 아미노산 (잔기수/100000g)

	미오신		액틴		트로포미오신	파라미오신		콘넥틴
	고등어	큰가리비	고등어	큰가리비	큰가리비	큰가리비	전복	잉어
Lys	67	78	39	48	86	57	62	78
His	12	13	15	16	4	8	6	20
Arg	33	50	38	42	56	86	101	45
Asp	92	100	83	81	105	101	107	102
Thr	51	36	59	59	55	34	35	60
Ser	53	56	59	58	31	57	46	57
Glu	166	170	97	105	217	205	188	147
Pro	30	20	47	44	0	0	0	46
Gly	52	47	66	71	13	20	25	64
Ala	75	70	77	73	100	99	88	82
Cys	9	10	11	10	1	4	0	3
Val	47	34	47	46	38	41	30	67
Met	26	26	34	35	9	14	11	29
Ile	39	36	63	55	25	34	37	58
Leu	82	85	62	70	98	95	100	81
Tyr	19	18	38	34	13	15	13	28
Phe	26	26	28	32	12	8	9	32
Trp	6	6	5	10	0	0	0	-

곡류 단백질은 일반적으로 lysine, methhione과 cystein과 같은 함황 아미노산의 함량이 낮다. 반면에 어류에는 이들 아미노산이 풍부하다. 따라서 곡류를 주식으로 하는 식단에 어류 단백질의 섭취는 영양학적으로 매우 바람직하다(표 3-20).

참고문헌

박희열 : 수산가공학, 수학사(1998)
山田英明 外 1人 : 水産物の利用, 成山堂書店, 東京(1999)
FAO : Yearbook of Fishery Statistics(1997)
阿部宏喜 外 1人 : 魚の科學, 朝倉書店, 東京(1994)
鴻巢章二 外 1人 : 水産利用化學, 恒星社厚生閣, 東京(1992)
野中順三九 : 水産利用科學, 恒星社厚生閣, 東京(1987)
順山三千三 外 3人 : 水産食品學, 恒星社厚生閣, 東京(1978)
金東勳 : 食品化學概論, 修學社(2006)
李應昊 : 水産加工學, 先進文化社(1996)
金又俊 : 最新 水産化學, 世進社(2003)
오훈일, 이형주, 문태화, 노봉주, 김석중 : 개정2판 식품화학, 수학사(2008)
朴榮浩, 張東錫, 金善奉: 水産加工利用學, 榮雪出版社(1995)
卞在亨, 錢重均 : 水産利用化學, 修學社(1994)
장호영, 이상호, 정병곤, 류동기, 조수근, 박성우, 김영식, 구재근, 김수관 : 수산학개론, 바이오사이언스(2008)
이응호 : 수산물 이용기술, 自由아카데미(1999)

제 4 장 탄수화물

탄수화물은 탄소, 수소, 산소로 구성되어 있으며 자연계에 가장 많은 생체화합물이다. 수산물의 경우 glycogen, laminaran과 같은 저장 다당, cellulose와 같은 세포벽 구성 성분 그리고 chitin과 같은 갑각류의 껍질 구성 성분 뿐 아니라 단백질, 지질과 공유 결합한 복합 다당등 다양한 탄수화물이 존재한다. 탄수화물은 구성당의 수에 따라 단당류, 올리고당, 다당류로 분류한다.

1 단당류

단당류는 탄수화물의 기본 구성단위로 무색 결정이며 대부분 단맛을 띤다. 물에 잘 녹지만 알콜에는 소량 녹고, ether나 클로로포름에는 녹지 않는다. 대부분의 단당류의 화학식은 $(C{\cdot}H_2O)n$으로 나타낼 수 있다. 수산물에 많이 존재하는 난낭류는 육탄당(n=6, hexose)인 glucose, galactose, mannose, fructose와 오탄당(n=5, pentose)인 xylose와 ribose가 있다. glucose와 mannose, glucose와 galactose는 각각 1개 탄소원자의 입체 배치가 다른 데 이를 epimer라고 한다. Epimer는 거울상 이성질체는 아니다(그림 4-1).

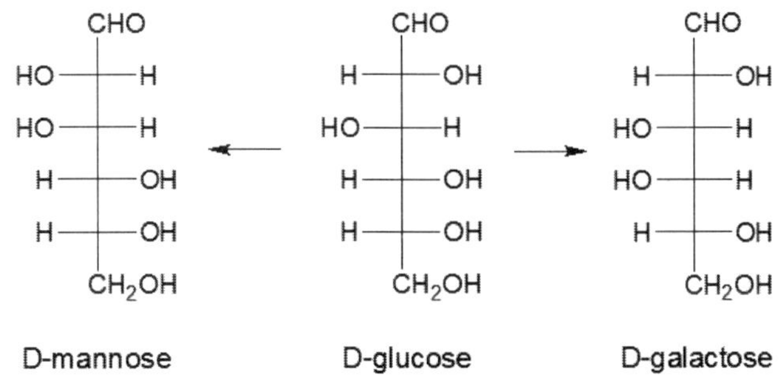

그림 4-1 Glucose의 epimer

단당류는 다양한 유도체가 존재하는 데 functional group에 따라 표 4-1과 같이 구분한다.

표 4-1 탄수화물의 분류

이름	작용기	예
Aldose	aldehyde	D-glucose
Ketose	ketone	D-fructose
Alditol	alchol	D-solbitol
Aldonic acid	carbxylic acid	D-gluconic acid
Aldaric acid	dicarboxylic acid	D-glycaric acid
Uronic acid	carboxylic acid, aldehyde	D-glucuronic acid

대부분의 단당류는 aldehyde와 ketone기를 함유하고 있는데 이를 각각 aldose와 ketose라고 한다. 대표적인 aldose는 glucose, galactose 등이 있고, ketose에는 fructose가 있다.

단당류에는 다양한 유도체도 존재하는 데 aldose의 carbonyl기가 알콜로 환원되면 alditol이 된다. 대표적인 예가 다시마에 많이 함유되어 있는 mannitol과 연제품 가공시 첨가물로 많이 사용되는 sorbitol이다(그림 4-2).

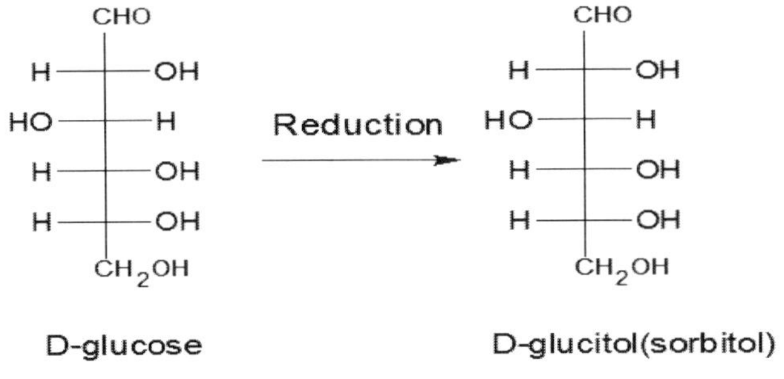

그림 4-2 Sorbitol

또한 aldose의 1번 탄소의 carbonyl기가 carboxyl기로 산화되면 aldonic acid가 되고, 6번 탄소의 alchol기가 carboxyl기로 산화되면 uronic acid가 된다. Uronic acid로는 미역, 다미마 등의 갈조류에 함유되어 있는 알긴산의 구성성분인 guluronic acid와 mannuronic acid가 있다(그림 4-3).

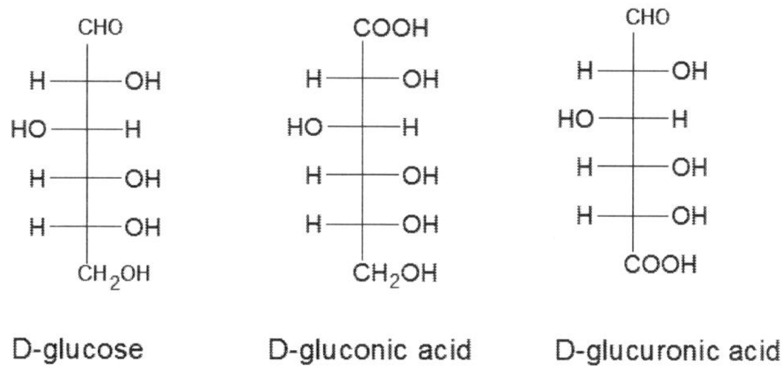

그림 4-3 Gluconic acid와 glucuronic acid

단당류는 수용액상에서 직선구조(acyclic structure)와 사슬구조(cyclic structure)로 존재한다. 사슬구조는 단당류의 functional group인 aldehyde와 keton기가 동일한 분자내의 hydroxyl기와 반응하여 hemiactal 또는 hemiketal 형성을 통하여 이루어진다. 사슬 구조에는 1번 탄소에 새로운 chiral center가 형성되며 이로 인해 2가지의 이성질체, 즉 α와 β anomer가 형성된다. 수용액 상태에서는 α와 β anomer가 평형 상태로 존재한다(그림 4-4). D-glucose의 경우 수용액에서 α와 β anomer가 각각 36.4%, 63.6% 존재한다.

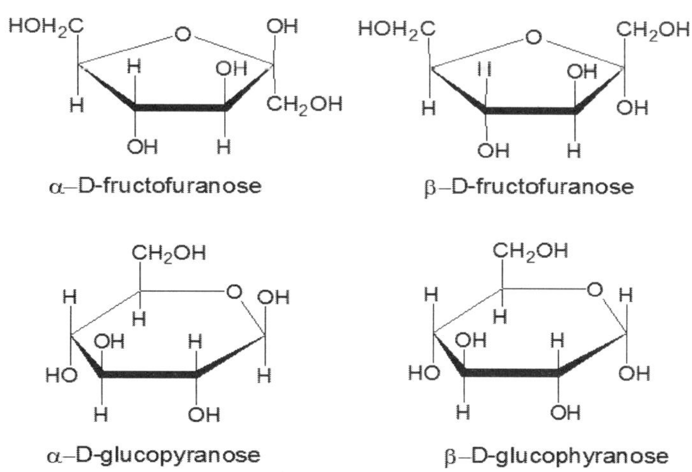

그림 4-4 Anomers

단당은 anomeric carbon이 존재하므로 거울상 이성질체(enantiomer)가 존재한다. 대부분의 단당은 D-형이나 일부 L형의 당도 존재한다(그림 4-5).

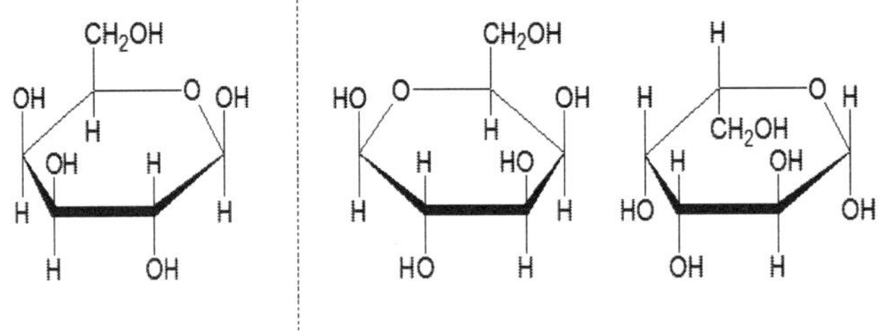

β-D-galactopyranose β-L-galactopyranose

그림 4-5 D form 과 L form

한천에는 L-galactose가 함유되어 있다. Deoxy 당은 단당의 -OH기가 -H기로 취환되어 생성된 당이다. L-fucose는 glacatose의 6번 탄소 deoxy 당으로 미역, 다시마 등이 갈조류의 점질 다당인 fucoidan의 주요 구성 성분이다. 또한 D-ribose의 2번 탄소 deoxy 당인 2-deoxy-D-ribose는 DNA의 구성 당이다(그림 4-6).

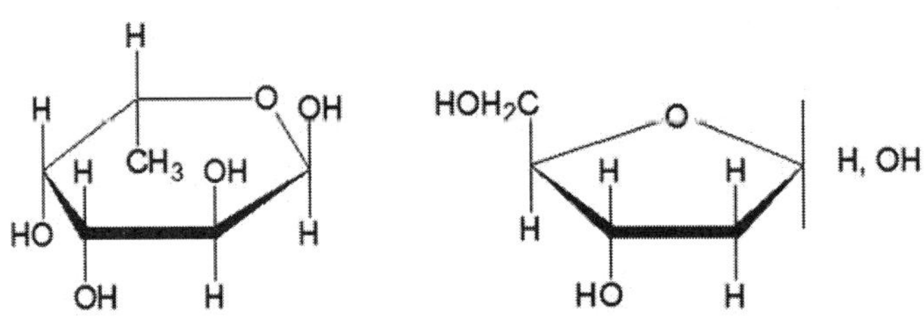

그림 4-6 α -L-fucose와 2-deoxy-D-ribose

당 유도체 중 단당의 OH기가 아민기로 취환된 것을 아미노당(amino sugar)이라고 한다. 대표적인 것이 glucose의 2번 탄소의 OH기가 아민기로 취환된 glucosamine이 있다. 취환된 아민기가 N-acetyl화 된 당이 N-acetyl-D-glucosamine이다. N-acetylglucosamine은 게, 새우 껍질에 성분인 키틴의 구성 성분일 뿐아니라 당지질, 당단백등의 주요 구성 성분이다. Sialic aicd는 9탄당인 neuraminic acid(5-amino-3,5-dideoxy-D-glycero-D-galacto-non-2-ulosonic acid)의 N- 혹은 O- 취환체의 일반명이나 가장 널리 존재하는 N-acetylneuraminic acid (Neu5Ac or NANA)를 지칭한다. Sialic acids는 동물, 식물, 효모, 박테리아와 같이 대부분의 생명체에 glycoprotein 또는 ganglioside 형태로 존재한다(그림 4-7).

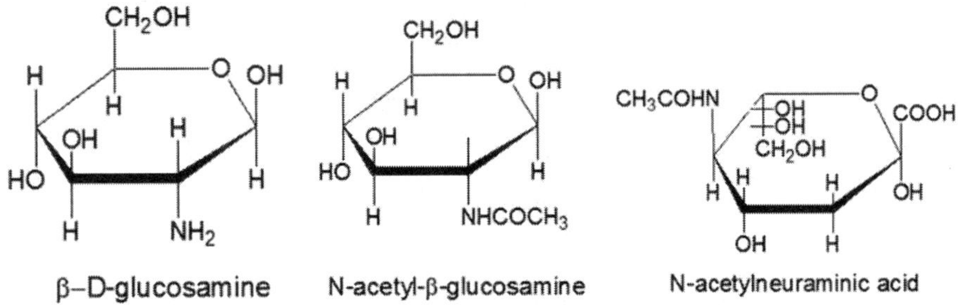

그림 4-7 아미노당

2 올리고당

단당류가 glycoside 결합한 것으로 단당 2개 결합된 이당류로부터 단당 10개로 이루어진 십당류까지를 올리고당이라고 한다. 올리고당은 과당류 또는 소당류라고도 명명한다. 그러나 다당류와 명확한 구분은 하지 않는다. 이당류로는 sucrose, maltose, lactose 등이 있으며, 당단백질과 당지질에도 올리고당류가 결합되어 있다. 올리고당은 일반적으로 물에 녹으며 감미를 나타낸다.

단당의 glycoside결합에는 결합된 단당의 carbonyl기의 anomer 종류에 따라 α-glycoside 결합과 β-glycoside 결합이 된다. 또한 이당류이상의 당의 결합 특성을 나타내기 위해서는 anomer 상태와 결합에 관여한 탄소 번호를 같이 표시한다. 예를 들면 lactose의 경우는 β 1-4 결합으로 표시하며, maltose의 경우는 α 1-4 결합으로 표시한다(그림 4-8).

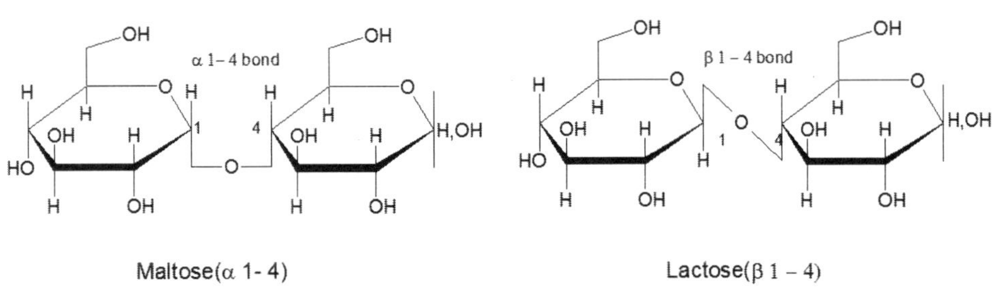

그림 4-8 Maltose와 lactose

Lactose는 환원당이다. 첫 번째 당인 galactose는 C-1 탄소의 aldehyde기가 두 번째 당인 glucose의 4번 탄소의 hydroxide기와 반응하여 glycoside bond를 형성하여 환원력이 없어지나 두번째 당인 glucose의 C-1탄소의 aldehyde로 인해 환원력을 나타낸다. 반면에 sucrose는 비환원당이다.

3 다당류

다당은 단당이 glycosidic bond를 통해 결합된 고분자 화합물이다. 환원력은 거의 없고, 맛은 무미에 가깝다.

다당은 구성 당의 종류에 따라, 1종류의 단당으로 구성된 homopolysaccharide와 여러 종류의 단당으로 구성된 heteropolysaccharide로 나눈다. 또 우론산이나 황산기를 함유한 산성 다당과 중성당으로만 구성된 중성 다당으로 구분한다.

Homopolysaccharide는 구성 단당의 종류에 따라 glucan, galactan, mannan 등으로 명명한다. 셀루로즈는 glucose가 β 1→ 4 결합된 homopolysaccharide이며, 키틴은 N-acetylglucosamine이 β 1→ 4 결합된 homopolysaccharide이다. 이 두 다당은 식물과 갑각류의 지지구조와 외곽을 형성하는 골격 다당이다. 반면에 전분과 글리코겐은 셀루로오즈와 동일한 glucaose로만 구성된 glucan이나 저장 다당이다.

전분은 amylose와 amylopectin으로 나눈다. Amylose는 α 1→ 4 결합된 glucan이며, amylopectin은 amylose에 α 1 → 6 가지가 있는 glucan이다. 글리코겐도 amylopectin과 구조가 유사하며, 동물의 간장이나 근육에 함유되어 있다.

Heteropolysaccharide는 D-galactose와 3,6-anhydrogalactose로 구성된 agarose 등이 있다.

4 Glycoconjugates

Glycoconjugates는 단당, 올리고당, 다당의 환원 말단(C-1)에 단백질, 지질과 같은 다른 성분이 공유 결합된 당을 말한다. Glycoconjugates는 세포와 세포의 상호작용, 세포간 인식 등 생리적으로 중요한 성분이다. 결합된 성분에 따라 glycoproteins, glycopeptides, peptidoglycans, glycolipids, lipopolysaccharides, glycosaminoglycan 등이 있다.

Glycosaminoglycan은 mucopolysaccharide라고도 불린다. 단백당은 core protein에 glycosaminoglycan이 가는 가지처럼 무수히 붙어 있는 구조로 되어 있다. Glycosaminoglycan은 아미노당(N-acetyl-D-glucosamine 또는 N-acetyl-D-galactosamine)에 우론산(D-glucuronic acid 또는 D-iduronic acid) 또는 hexose 가 결합된 이당류가 반복되는 구조로 이루어져 있으며, 많은 경우 황산기를 함유하고 있다. 대표적인 수산물 glycosaminoglycan은 표 4-2와 그림 4-9와 같다.

표 4-2 수산물의 glycosaminoglycan

종류	우론산/육탄당	헥소아민	결합형식
Chondritin sulfate	GlcUA or GlcUA(2S)	GalNAc or GalNAc(4S) or GalNAc(6S) or GalNAc(4S,6S)	-4GlcUAβ1-3GalNAcβ1-
Dermatin sulfate	GlcUA or IdoUA or IdoUA(2S)	상동	-4IdoUAβ1-3GalNAcβ1-
Keratin sulfate	Gal or Gal(6S)	GlcNAc or GlcNAc(6S)	-3Gal(6S)β1-4GlcNAc(6S)β1-
Hyaluronan	GlcUA	GlcNAc	-4GlcUAβ1-3GlcNAcβ1-

GlcUA = β-D-glucuronic acid,
GlcUA(2S) = 2-O-sulfo-β-D-glucuronic acid,
IdoUA = α-L-iduronic acid,
IdoUA(2S) = 2-O-sulfo-α-L-iduronic acid,
Gal = β-D-galactose,
Gal(6S) = 6-O-sulfo-β-D-galactose,
GalNAc = β-D-N-acetylgalactosamine,
GalNAc(4S) = β-D-N-acetylgalactosamine-4-O-sulfate,
GalNAc(6S) = β-D-N-acetylgalactosamine-6-O-sulfate,
GalNAc(4S,6S) = β-D-N-acetylgalactosamine-4-O, 6-O-sulfate,
GlcNAc = α-D-N-acetylglucosamine,

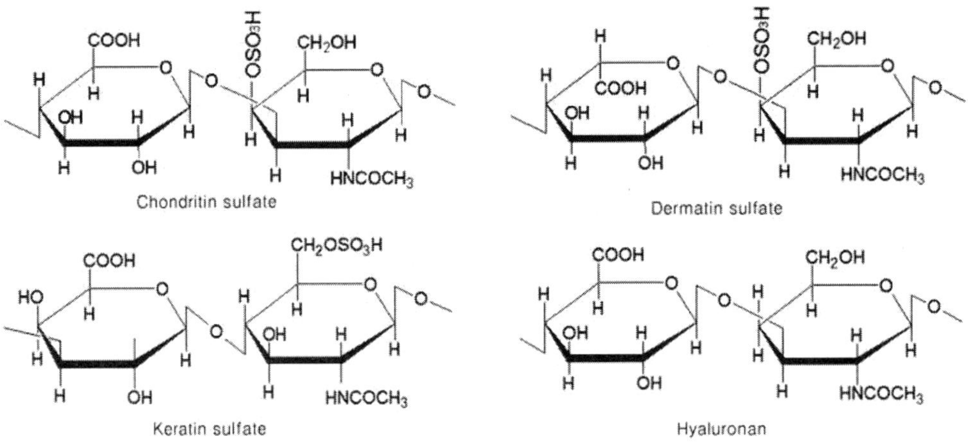

그림 4-9 수산물 glycosaminoglycan

참고문헌

山田英明 外 1人 : 水産物の利用, 成山堂書店, 東京(1999)

鴻巢章二 外 1人 : 水産利用化學, 恒星社厚生閣, 東京(1992)

野中順三九 : 水産利用科學, 恒星社厚生閣, 東京(1987)

金東勳 : 食品化學概論, 修學社(2006)

李應昊 : 水産加工學, 先進文化社(1996)

金又俊 : 最新 水産化學, 世進社(2003)

朴榮浩, 張東錫, 金善奉: 水産加工利用學, 榮雪出版社(1995)

卞在亨, 錢重均 : 水産利用化學, 修學社(1994)

渡部終五 : 水圈生化學の基礎 恒星社厚生閣, 東京(2008)

http://en.wikipedia.org/wiki/Glycosaminoglycan

제 5 장 지질(Lipid)

1 지질의 정의

지질은 비극성 용매에 녹는 생체 성분 중 다음의 성분을 총칭한다.

- 지방산
- 지방산 유도체
- 지방산 유도체와 생합성 대사(biosynthetic pathway)와 관련 있는 물질
- 지방산 유도체와 생화학적 혹은 기능적으로 관련 있는 물질

2 지질의 분류

- 비극성 지질(neutral lipid, nonpolar lipid) : triglyceride(TG), wax ester (WE), diacylglycerylether(DAGE), 탄화수소, 스테롤, 스테롤 에스테르 등
- 극성 지질(polar lipid) : 인지질(phospholipid), 당지질(glycolipid), 복합지질(complex lipid)

3 지질의 생화학적 기능

- 지방질은 세포막의 주요 구성 성분이다.
- 지방질은 효율 좋은 에너지원이다.
- 지방질은 보호막, 단열물질, 절연물질이다.
- 지방질은 다양한 생리활성을 나타낸다.

4 지방산

- 지방산은 말단에 1개의 카르복시기(-COOH)를 가지는 탄화수소 사슬이다. 중성 지질을 가수분해하면 지방산이 생성된다(그림 5-1).
- 식용유지의 지방산의 대부분은 탄소수가 4 ~ 19개이다.
- 탄소수가 많을수록 비극성도가 증가한다.

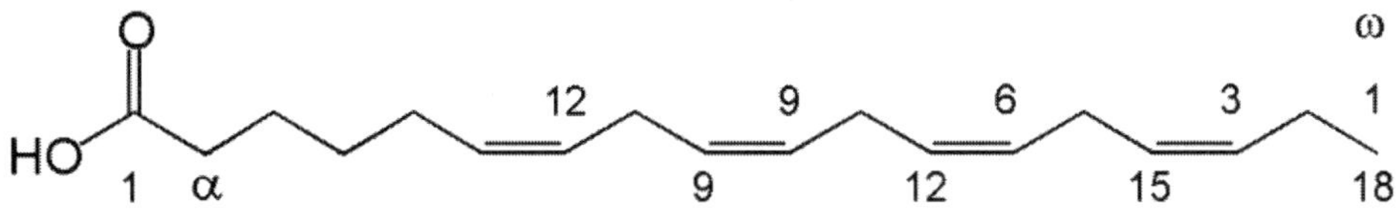

그림 5-1 지방산 구조

가. 지방산의 명명법

1) 계통명

(가) 포화지방산은 탄화수소의 이름 끝의 e를 anoic, anoyl acid 또는 anoate로 변화시킨다.

(나) 불포화지방산은 이중 결합이 1개인 것은 enoic으로, 2개인 경우는 dienoic, 3개는 trienoic으로 표시한다. 또한 이중결합의 위치는 carboxyl기를 1번으로 하여 Δ로 표시한다.

2) 숫자기호법

지방산을 간편히 나타내기 위해서는 숫자기호로 나타낸다. 리놀레산은 C18 : 2, 9, 12 으로 나타낸다(표 5-1).

3) 오메가(ω) 또는 n 마이너스(n-)법

지방산의 methyl기가 결합된 탄소를 ω1 또는 n-1이라하고, 그 다음 탄소를 ω2 또는 n-2, x 번째 탄소를 ωx 또는 n-x로 표시한다. 예를 들어 리놀레산은 ω6 또는 n-6 계통 지방산, 리놀렌산은 ω3 또는 n-3 계통 지방으로 표시한다.

4) 관용명

전통적으로 사용하여 왔던 명명법이다.

나. 지방산의 분류

지방산은 분자 내 이중 결합의 유무에 따라 포화지방산과 불포화지방산으로 나눈다.

- 포화지방산(saturated fatty acid) : 지방산을 이루는 탄소원자가 수소와 결합하여 단일 결합으로만 되어 있는 것.

- 불포화지방산(unsaturated fatty acid) : 지방산내에 이중결합이 있는 지방산으로 포화지방산에 비해 산화되기 쉬우며, 융점이 낮다. 이중결합을 1개 갖는 것을 단일 불포화지방산(monoethenoid)이라고 하며 이중결합을 2개 이상 함유하고 있는 것을 고도 불포화지방산(polyethenoid)이라고 한다. 이중결합의 구조는 1, 4-pentadien (-CH=CH-CH2-CH=CH-)이며, 입체 이성체는 대부분이 시스형이다. 수산물에는 이중결합이 5개인 EPA(eicosapentaenoic acid)와 6개인 DHA(docosahexaenoic acid)인 고도 불포화지방산이 다량 함유되어있다.

표 5-1 동,식물의 지방산

계통명	관용명	약어
포화지방산		
ethanoic	acetic	2:0
butanoic	butyric	4:0
hexanoic	caproic	6:0
octanoic	caprylic	8:0
decanoic	capric	10:0
dodecanoic	lauric	12:0
tetradecanoic	myristic	14:0
hexadecanoic	palmitic	16:0
octadecanoic	stearic	18:0
eicosanoic	arachidic	20:0
docosanoic	behenic	22:0
단일불포화지방산		
cis-9-hexadecenoic	palmitoleic	16:1(n-7)
cis-6-octadecenoic	petroselinic	18:1(n-12)
cis-9-octadecenoic	oleic	18:1(n-9)
cis-11-octadecenoic	cis-vaccenic	18:1(n-7)
cis-13-docosenoic	erucic	22:1(n-9)
cis-15-tetracosenoic	nervonic	24:1(n-9)
고도불포화지방산		
9,12-octadecadienoic	linoleic	18:2(n-6)
6,9,12-octadecatrienoic	γ-linolenic	18:3(n-6)
9,12,15-octadecatrienoic	α-linolenic	18:3(n-3)
5,8,11,14-eicosatetraenoic	arachidonic	20:4(n-6)
5,8,11,14,17-eicosapentaenoic	EPA	20:5(n-3)
4,7,10,13,16,19-docosahexaenoic	DHA	22:6(n-3)

다. 지방산의 성질

1) 지방산은 생체 내에서 ester 또는 amide결합 형태로 존재하며 유리 형태로는 극히 일부가 존재한다.
2) 천연 지방산의 대부분은 탄소수가 짝수이다.
3) 이중 결합의 입체 구조는 cis 형태이다.
4) 불포화지방산은 포화지방산보다 녹는점이 낮다.
5) 지방산은 Na^+, K^+ 금속과 반응하여 계면활성제(비누)를 만든다.
6) 체내에서 합성되지 않은 필수지방산은 영양적으로 중요한 지방산이다.

라. 수산물의 지방산

1) 가식부의 지방산 조성

수산물 근육의 주요 지방산은 고도 불포화지방산인 EPA와 DHA이다. n-3계열인 EPA(eicosapentaenoic acid)는 탄소수 20개에 이중 결합이 5개있는 고도 불포화지방산이다. DHA(docosahexaenoic acid)는 탄소수 22개에 이중결합이 6개인 고도 불포화지방산이다. EPA와 DHA 모두 ω3 계열 지방산이다(그림 5-2, 표 5-2).

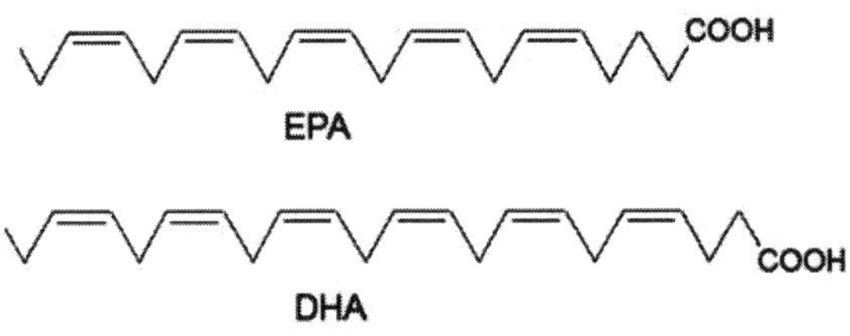

그림 5-2 EPA와 DHA

2) 계절별 지방산 변화

정어리와 멸치 지방산 조성의 계절적 변화는 표 5-3과 표 5-4와 같다. 정어리와 멸치는 연중 지방산 변화가 많으며 주요 지방산은 palmitic acid(C16:0)와 DHA(C22:6, n-3)이다. 특히 정어리의 경우 2월과 12월에는 DHA가 palmitic acid보다 함량이 높다. 멸치의 경우는 palmitic acid가 가장 함량이 높다. 멸치는

ω3 지방산의 함량이 전체 지방산의 31.98%로 가장 높고 그 중 DHA가 21.08%, EPA가 7.75%이다. 정어리는 ω3 지방산의 함량이 전체 지방산의 35.35% 가장 높으며 그 중 DHA가 20.83%, EPA가 10.67%이다.

지방 함량과 ω3 지방산의 함량 간에는 역 상관성을 나타낸다. 즉, 멸치와 정어리의 지방함량이 높은 시기에 ω3 지방산의 함량이 낮다.

표 5-2 수산물 가식부 지방산의 조성

수산물명	지질함량	지방산 조성(%)												
		14:0	16:0	18:0	16:1	18:1	20:1	22:1	18:2	18:3	20:4	20:5	22:5	22:6
고등어	7.5	4.1	16.4	5.9	5.2	20.7	7.0	0.5	1.0	0.5	7.5	6.5	2.4	15.5
꽁치	4.7	5.0	23.4	5.8	3.6	3.6	2.6	1.0	1.5	8.4	0.3	8.5	1.0	29.7
넙치	2.1	3.9	24.7	6.5	5.9	2.5	1.9	0.2	0.8	0.4	0.1	12.2	3.4	32.3
멸치	5.4	9.0	15.4	5.6	3.9	6.1	3.6	0.3	2.4	1.0	0.7	34.9	3.3	12.2
병어	0.5	1.9	14.4	3.0	3.8	11.2	3.3	1.1	0.4	0.5	1.2	4.2	1.2	20.8
삼치	2.7	3.4	28.7	9.6	5.0	23.2	5.5	4.3	0.7	0.3	0.2	6.1	1.9	7.1
전갱이	4.8	3.9	26.0	8.5	8.1	19.8	2.7	0.2	1.0	0.6	0.1	8.3	1.0	13.3
전어	2.7	10.9	37.2	5.6	12.8	15.1	1.3	0.1	0.3	0.2	0.2	5.1	1.7	8.1
정어리	3.2	5.2	22.7	3.7	4.1	5.1	1.8	1.3	1.4	1.1	0.1	8.1	1.0	19.3
우럭	3.2	2.9	18.4	3.5	8.7	12.1	0.9	0.5	1.0	0.5	0.2	13.9	3.4	25.2
청어	15.1	1.3	25.4	2.0	4.1	6.9	2.1	0.2	2.1	1.0	0.2	17.5	0.9	17.7
학공치	1.6	2.7	16.9	4.7	6.4	13.2	2.3	0.5	2.9	0.4	2.2	5.2	5.7	30.0
바지락	1.2	2.1	27.8	8.4	8.7	2.5	2.9	0.1	0.9	0.6	0.2	18.3	1.7	17.6
참굴	2.6	2.7	35.4	6.9	3.5	5.4	2.2	0.1	2.1	1.2	0.2	16.9	1.0	16.3
참담치	1.1	2.6	23.6	4.6	7.7	4.2	6.2	1.7	2.1	0.8	2.8	15.7	0.6	16.6
참전복	1.1	11.9	20.5	2.6	3.8	12.5	5.2	3.5	1.3	0.6	12.7	12.5	5.1	0
키조개	0.2	3.8	21.6	9.3	4.1	4.5	3.5	0.4	0.4	1.1	0.1	23.5	1.1	19.4
문어	1.0	1.9	14.8	6.4	2.5	5.5	3.5	0.3	0.9	0.1	6.1	16.8	2.2	28.8
오징어	1.5	1.2	21.4	6.3	0.9	2.7	4.8	0.1	0.3	0.1	3.3	12.6	0.3	42.4
주꾸미	0.7	1.1	14.5	9.4	1.5	4.2	4.8	0.1	0.4	0.5	7.2	16.6	1.3	32.0

표 5-3 정어리 지방산의 계절별 지방산 조성 (g/100 g fatty acids)

	2월	4월	6월	8월	10월	12월	평균
C14:0	6.45	8.00	7.52	6.98	6.69	6.52	7.03
C15:0	0.67	0.88	0.82	0.95	0.89	0.93	0.86
C16:0	24.76	22.5	22.47	20.56	25.69	23.32	23.22
C16:1	5.75	7.84	6.65	5.38	5.11	5.83	6.09
C18:0	4.16	2.08	4.28	3.39	2.60	3.69	3.37
C18:1	3.53	4.33	9.47	10.56	9.84	4.65	7.06
C18:1$n-7$	1.85	3.31	2.01	2.42	2.00	2.3	2.32
C18:2$n-6$	1.24	1.54	1.19	2.22	1.16	1.78	1.52
C18:3	1.14	3.01	1.08	2.02	1.54	2.96	1.96
C18:4$n-3$	1.02	0.61	0.47	0.84	0.71	1.12	0.80
C20:1	1.02	1.38	1.14	1.13	1.22	1.37	1.21
C20:5$n-3$	11.92	10.33	10.32	11.20	11.23	8.99	10.67
C22:1	0.83	0.94	0.65	0.88	0.71	0.93	0.82
C22:5$n-3$	1.46	0.99	0.95	1.08	1.14	1.01	1.11
C22:6$n-3$	25.32	18.07	17.67	18.36	21.2	24.36	20.83
$\Sigma n-3$	40.86	33.01	30.49	33.50	35.82	38.4	35.35
$\Sigma n-6$	2.08	4.57	1.87	2.82	1.96	3.04	2.72
ΣMUFA	13.58	18.16	20.67	20.87	19.39	15.49	18.03
ΣSFA	36.25	33.55	35.17	32.01	36.02	34.54	34.59

표 5-4 멸치 지방산의 계절적 변화 (g/100 g fatty acids)

	2월	4월	6월	8월	10월	12월	평균
C14:0	8.41	6.38	5.89	9.16	4.34	6.59	6.80
C15:0	0.9	1.05	1.09	1.81	0.51	1.32	1.11
C16:0	31.18	17.86	19.85	28.22	35.63	29.68	27.07
C16:1	4.79	5.91	2.79	7.86	1.1	2.77	4.20
C18:0	5.9	3.67	4.35	6.75	4.28	6.32	5.21
C18:1	9.29	7.55	4.67	9.89	10.48	9.35	8.54
C18:1$n-7$	1.11	1.26	0.83	1.52	1.51	1.66	1.32
C18:2$n-6$	1.08	1.24	2.25	1.71	2.23	2.60	1.85
C18:3	0.95	1.62	2.01	1.57	1.7	1.36	1.54
C18:4$n-3$	0.32	0.47	0.74	0.81	0.63	0.51	0.58
C20:1	1.87	2.79	1.3	1.63	1.55	1.08	1.70
C20:5$n-3$	11.86	12.4	6.76	3.64	2.46	9.36	7.75
C22:1	0.57	0.63	0.55	0.22	0.41	0.67	0.51
C22:5$n-3$	0.57	0.88	0.69	0.43	0.21	0.76	0.59
C22:6$n-3$	12.23	26.41	32.46	14.32	23.75	17.33	21.08
Σn − 3	25.93	41.78	42.66	20.77	28.75	29.32	31.98
Σn − 6	1.59	1.84	3.30	2.38	2.58	3.37	2.34
ΣMUFA	18.19	19.16	11.90	22.97	15.92	16.45	17.63
ΣSFA	46.57	29.13	31.48	46.21	44.93	44.06	39.66

3) 양식산과 자연산 수산물의 지방산조성

수산물 근육에는 인지질과 중성 지질이 함유되어 있다. 중성 지질에는 steryl ester, triglyceride, free fatty acid, sterol, partial glyceride가 함유되어 있고, 인지질에는 phosphatidyl ethanolamine, phosphatidylserine, phosphatidylcholine이 함유되어 있다. 어류 조직의 경우 인지질 함량은 근육에 약 0.44 ~ 0.92% 함유되어 있다(표 5-5).

표 5-5 양식산 및 자연산 뱀장어의 지질 조성

Component(g/100g lipid)	근육	
	자연산	양식산
Steryl ester	10.2±2.2	9.5±0.3
Triacylglycerol	68.2±1.8	67.9±1.6
Free fatty acid	9.9±1.0	11.2±2.4
Sterol	4.5±0.7	4.5±0.5
Partial glyceride	2.2±0.2	2.2±0.1
Phosphatidylethanolamine	1.5±0.2	1.2±0.1
Phosphatidylserine	0.9±0.2	0.8±0.1
Phosphatidylcholine	2.4±0.6	2.3±0.3

그림 5-3은 양식산과 자연산 뱀장어의 총지질과 인지질, 중성지질 함량간에 상관성을 나타내었다. 양식산과 자연산 뱀장어 근육 모두 총지질이 증가하면 중성지질이 증가하나, 인지질은 총지질의 함량에 관계없이 거의 일정하였다. 양식산과 자연산 장어 근육의 경우 중성지질이 총지질의 거의 95%를 차지하였고, 중성지질의 대부분은 TG이다.

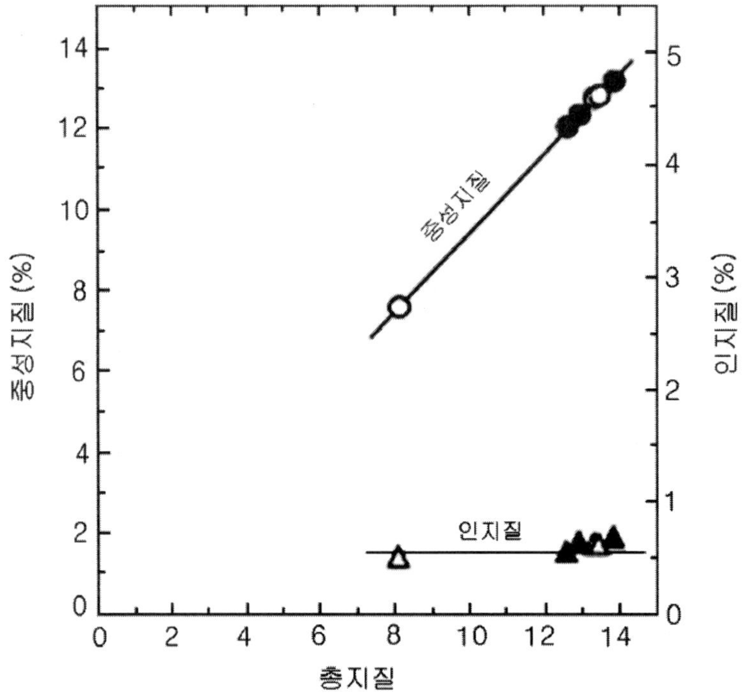

그림 5-3 뱀장어 근육의 총지질, 중성지질, 인지질 함량(g/100g 근육)

자연산과 양식산의 총지질과 중성지질의 주요 지방산은 18:1, 16:0, 16:1, 18:2, 22:6이다. 양식산에 비해 자연산은 16:1, 18:2, 18:3, 20:4의 함량이 높고, 22:6, 20:1, 20:5, 22:1의 함량이 낮다. 인지질의 지방산 조성은 중성 지질과 다르다. 인지질의 주요지방산은 자연산은 18:1, 22:6, 16:0, 20:4, 20:5이고, 양식산은 22:6, 18:1, 16:0, 18:0, 20:5이다. 양식산 인지질에 비해 자연산은 16:0, 20:4, 16:1, 18:2의 함량이 높고, 22:6의 함량은 현저히 낮다(표 5-6).

표 5-6 자연산 및 양식산 뱀장어 근육의 지질 종류별 지방산 조성 (weight %)

지방산	총 지질		중성 지질		인지질	
	자연산	양식산	자연산	양식산	자연산	양식산
14:0	3.5±1.2	3.9±0.2	3.4±1.3	4.0±0.3	0.5±0.0	0.6±0.1
16:0	18.1±0.7	18:5±1.4	17.5±0.7	18.4±1.1	17.3±1.3	13.2±1.2
16:1	12.4±0.8	8.3±0.4	12.3±0.4	8.3±0.6	4.5±0.2	2.3±0.3
18:0	2.4±0.2	3.6±0.5	2.1±0.1	3.4±0.3	6.9±0.4	8.5±1.0
18:1	35.5±3.3	37.6±2.7	35.3±2.3	37.1±2.3	20.4±1.1	19.2±0.6
18:2	5.8±1.9	1.5±1.0	5.9±2.0	1.6±1.0	4.2±1.5	0.5±0.3
18:3	3.3±0.2	0.4±0.0	3.5±0.4	0.5±0.0	1.5±0.4	0.2±0.1
20:1	1.4±0.7	5.9±1.3	1.6±0.2	6.0±1.4	0.7±0.2	2.7±0.1
20:4	2.1±0.3	0.4±0.0	1.9±0.5	0.4±0.1	9.8±0.3	2.8±0.3
20:5	2.8±0.4	4.0±0.4	2.8±0.1	4.0±0.3	7.8±1.5	8.4±1.0
22:5	2.4±0.6	2.0±0.2	2.5±0.5	2.1±0.2	4.6±0.5	3.7±0.3
22:6	4.2±2.7	7.2±0.9	4.0±2.5	6.7±0.4	17.7±5.4	34.2±1.1

5 비극성 지질

가. Triacylglycerols(TG, triglyceride)

TG는 3분자의 지방산이 글리세롤에 에스테르 결합된 지질이다. 일반적으로 TG를 중성지질이라고 하나 중성지질에는 TG 이외에도 다른 중성 지질이 있으므로 구분하여 사용하여야 한다(그림 5-4).

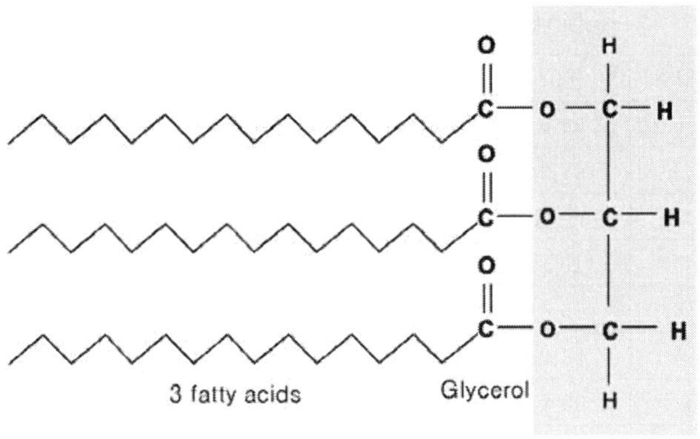

그림 5-4 Triacylglycerol

1) TG 명명법

TG는 글리세롤(glycerol) 1분자에 지방산(fatty acid) 3분자가 ester결합되어 있다. 글리세롤의 2개의 hydroxyl기가 각기 다른 지방산으로 에스테르화되면 triglyceride는 광학적 활성을 가진다. 구성 지방산의 3 종류가 모두 동일하면 단순 트리글리세라이드(simple triglyceride), 한 종이라도 다르면 혼합 트리글리세라이드(mixed triglyceride)라고 한다. 글리세롤 입체 구조를 나타내기 위해 입체화학적 번호법(stereospecific numbering, sn) 시스템을 사용한다. Fischer 투영식으로 triglyceride를 나타낼 때 C-2번의 hydroxyl기는 왼쪽에, C-1은 위쪽 탄소에, 그리고 C-3은 아래 탄소를 나타낸다. 그리고 sn은 골격화합물의 앞에 붙인다.

어유의 triacylglycerol의 지방산 조성은 ω3 biosynthetic family인 고도 불포화 지방산이 많이 함유되어 있다. Myristic, palmitic, palmitoleic acids는 sn-1과 sn-2에 많이 분포하고, oleic과 장쇄 monoenic 지방산은 주로 primary 위치에 분포하며 사슬이 길어지면 sn-3 위치에 많이 분포하는 경향이 있다. 고도 불포화 지방산은 대부분이 sn-2에 분포하며, sn-3에도 일부 분포한다. 어종에 따라 지방산의 분포는 상당량 차이가 있다(표 5-7).

2) TG의 특성

- TG의 수는 구성 지방산의 수에 따라 기하급수적으로 증가한다. 예를 들어 구성 지방산 수가 10개라면 가능한 TG 수는 550개이다.

- 식용유는 triacylglycerol이다.
- 구성 지방산에 따라 융점, 산화 등 특성이 달라진다.
- TG는 산, 알칼리 또는 효소에 의하여 가수분해 된다.
- TG의 주요 생리적 기능은 에너지 저장이다.
- 수소 첨가로 액상을 고상으로 굳게 만들 수 있다.
- EPA와 같이 고도 불포화 지방산을 함유하고 있는 TG은 산소와 반응하여 자동산화로 인해 산패가 잘 발생한다.

표 5-7 어유의 triacyl-sn-glycerol의 지방산의 위치 분포 (mol %)

어종	Sn	지방산										
		14:0	16:0	16:1	18:0	18:1	18:2	20:1	22:1	20:5	22:5	22:6
청어	TG	7	12	9	1	11	2	17	23	9	2	5
	1	6	12	13	1	16	3	25	14	3	1	1
	2	10	17	10	1	10	3	6	5	18	3	13
	3	4	7	5	1	8	1	20	50	4	1	1
고등어	TG	6	14	7	2	17	2	11	16	9	2	9
	1	6	15	11	3	21	2	8	18	5	1	2
	2	10	21	6	1	9	1	5	5	12	3	20
	3	2	5	4	2	21	2	19	24	10	1	5
가오리	TG	2	13	8	2	23	1	13	9	7	3	18
	1	2	19	12	5	30	1	12	8	4	1	5
	2	3	15	7	1	9	1	8	5	6	7	37
	3	1	6	6	1	28	2	19	11	11	2	11
대구	TG	6	13	13	3	20	2	12	6	12	2	9
	1	6	15	14	6	28	2	12	6	2	1	1
	2	8	16	12	1	9	2	7	5	12	3	20
	3	4	7	14	1	23	2	17	7	13	1	6

나. 왁스(왁스 에스테르)

왁스는 고급지방산과 고급 알콜의 에스테르 화합물이다(그림 5-5).

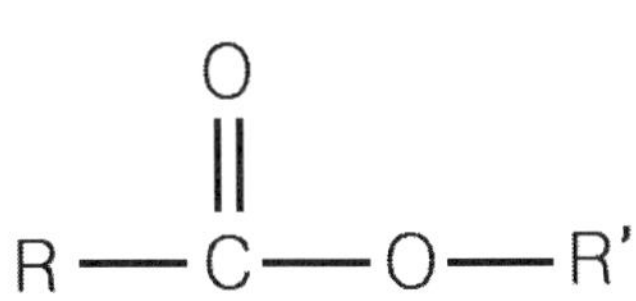

그림 5-5 왁스 에스테르(R: 지방산 사슬, R': 지방알콜사슬)

특정 수산생물에는 난소화성 왁스가 함유되어 있다. 특히 심해 어종인 oil fish 등에 다량 함유되어 있다(표 5-8). Escolar의 근육에는 지방이 약 20% 함유되어 있는 데 그 중 90%가 왁스 에스테르이다. 왁스류의 융점은 인체가 소화시킬 수 있는 식용 유지의 융점의 상한인 43℃ 보다 훨씬 높기 때문에 거의 소화되지 않는다. 왁스 에스테르를 섭취하면 설사, 지루증 등 식중독을 일으킨다. 따라서 왁스 에스테르가 많이 함유된 어류를 섭취할 시에는 주의하여야 한다(그림 5-6).

표 5-8 중층와 심해어류의 지방 종류 (%w/w)

	연안/중층	심해
Triglycerides	92.3	3.1
Wax esters	-	94.9
Cholesterol	2.4	1.0
Phospholipids	3.5	1.0
Others(free fatty acids)	2.8	-

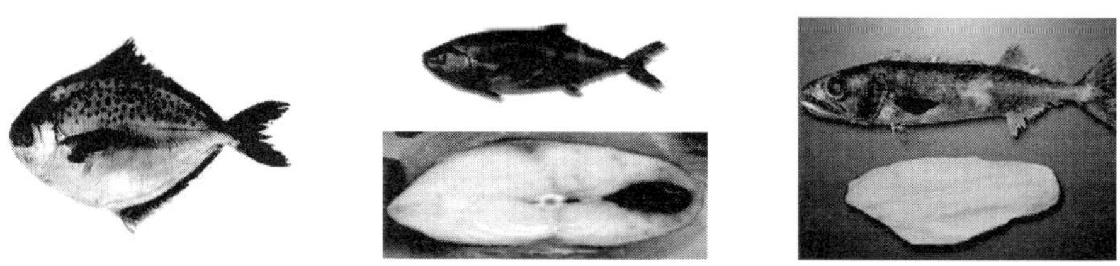

Stromateus stellatus (butter fish) / Ruvettus pretiosus / Lepidocybium flavobrunneum

그림 5-6 심해어

Escolar 근육의 지방산 조성은 oleic acid가 주성분이며, 지방알콜은 cetyl alchol, oleyl alchol등이 다량 분포한다(표 5-9, 표 5-10).

표 5-9 Escolar 근육의 주요 지방산 성분 (%, W/W)

Fatty acids	등육	복부육
18 : 1 n-9	45.21±0.75	47.68±3.10
20 : 1 n-11	6.40±0.42	8.37±2.32
22 : 6 n-3	9.64±0.84	7.90±2.64

표 5-10 Escolar 근육의 주요 지방 알콜 (%)

Fatty alcohols	Escolar(%)
Myristyl alcohol (14:0)	2.6 ~ 2.8
Cetyl alcohol (16:0)	46.8 ~ 48.5
Palmitoleyl alcohol (16:1)	3.5 ~ 4.4
Oleyl alcohol (18:1)	25.8 ~ 26.6
Eicosenol (20:1)	1.5 ~ 2.5

다. 디아실글리세릴에테르(diacylglycerylether, DAGE)

Glycerol과 1가의 고급 알콜이 ether 결합한 것을 glycerylether라 한다. 어류에는 glycerol의 2번과 3번 위치의 OH기가 지방산과 ester 결합한 diacylglycerylether가 많이 함유되어있다(그림 5-7).

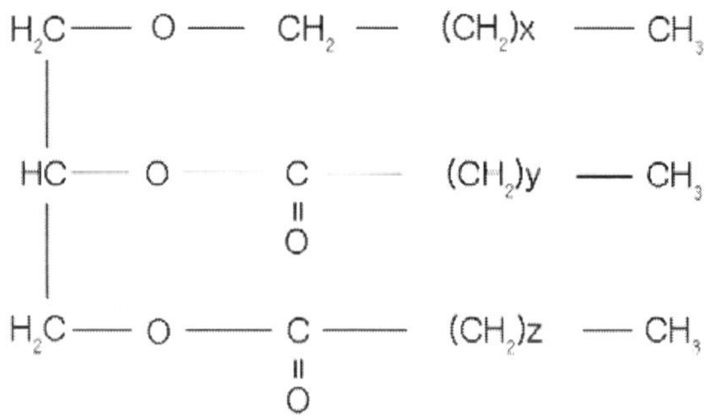

그림 5-7 Diacyl glyceryl ether(DAGE)

판새류의 체유나 간유 중의 불검화물 중에 glycerylether가 많다. Butter fish의 근육은 주로 diacyl glyceryl ethers와 triacylglycerols이 거의 동량으로 함유되어 있다. 2000년 국내에서도 병어과 남태평양 심해어인 *Stromateus stellatus* (butter fish, 별시즈)로 인해 설사를 주 증상으로, 메스꺼움, 복통, 두통, 어지러움, 발열 등의 증상을 나타내는 식중독이 발생하였다.

Diacyl glyceryl ether의 주 alkyl과 acyl 성분은 각각 16:0와 18:0이다. 일반적으로 diacyl glyceryl ether는 lipase에 의해 분해되지 않는다. Diacyl glyceryl ether와 그 가수분해물의 독성의 세기는 glyceryl ether>monoacyl glyceryl ether>diacyl glyceryl ether>wax ester 순이다.

6 극성지질

가. 인지질

극성 지질의 대부분은 인지질이다. 인지질은 지질 이중막을 bilayers를 형성하며 세포막의 주요 성분이다. 대부분의 인지질은 diglyceride, 인산기, 콜린과 같은 간단한 유기분자로 이루어져 있다. 예외적으로 스핑고미엘린은 glycerol 대신 스핑고신으로 이루어져 있다.

대표적인 인지질로는 레시틴 즉, 포스파티딜 콜린(phophatylcholine)이 있다(그림 5-8). 레시틴은 인산기 부위는 친수성이고, 나머지 부위는 소수성이다. 인산기는 음전하를 띄어 친수성이고 탄화수소 사슬은 비극성이여서 레시틴은 양쪽성을 띈다. 물과 지용성 물질을 안정화시키는 유화특성으로 인해 마가린, 드레싱 등의 유화제로 사용된다. 레시틴은 지용성 용매에 잘 녹으나 특이하게 아세톤에는 녹지 않는다.

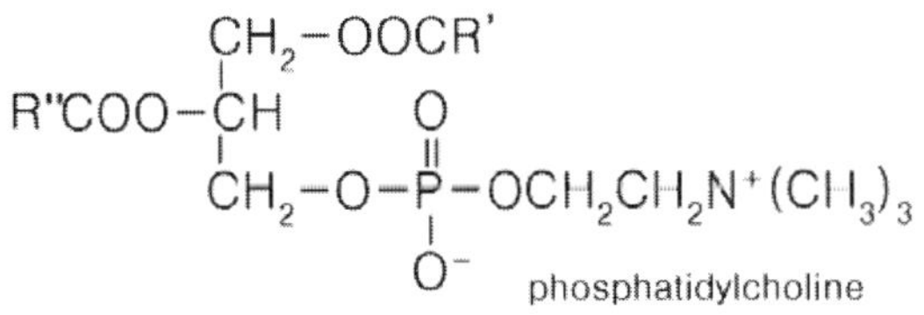

그림 5-8 레시틴

기타 인지질로는 phosphatidylglycerol, phosphatidylethanolamine, phosphatidylserine 등이 있다(그림 5-9).

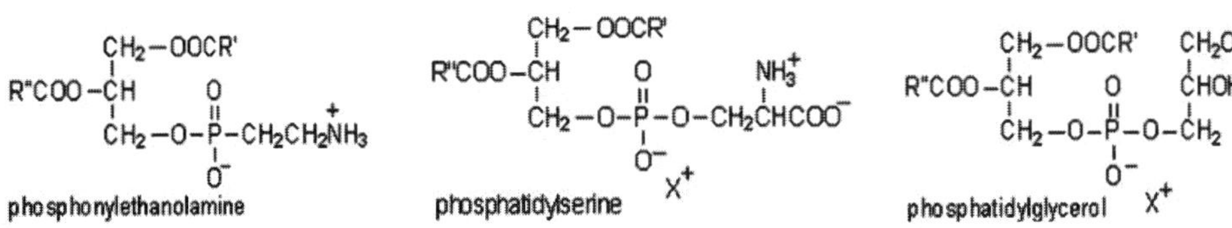

그림 5-9 인지질

나. 스핑고 지방질(sphingolipid)

스핑고 지방질은 생체 세포막의 주요 성분이다. 글리세롤 대신 스핑고신으로 이루어져 있다(그림 5-10).

$$CH_3(CH_2)_{12}CH{=}CH.CHOH.CHNH_2.CH_2OH$$

trans sphingosine

그림 5-10 스핑고신

스핑고신에 인산이 결합된 스피고신 인산(spingophospholipid) 중 대표적인 것이 스핑고 미엘린(spingomyelin)인 데 스핑고신에 인산과 콜린이 결합된 것으로 신경수초(myelin)에 많이 분포한다(그림 5-11).

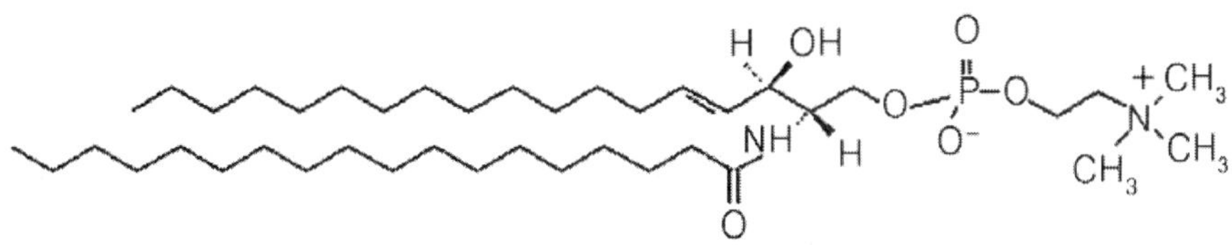

그림 5-11 스핑고미엘린

어류 근육의 지질함량은 중성 지질 함량에 따라 결정된다. 전체 지질의 대부분은 TG가 차지한다. 반면에 인지질량은 어류 근육 지질 함량의 1% 이하를 차지하고 있다. 인지질 중 PC(phophatylcholine)이 54 ~ 70%를 차지하고 다음으로 PE(phosphatidylethanolamine), PS(phosphatidylserine)이 21 ~ 45%를 차지한다(표 5-11).

표 5-11 어류 근육 지질의 분포(mg/100g)

어종	총지질(%)	TG	SE+HC	PE+PS	PC	SPM	LPM	UK
연어	7.4	5270	930	110	360	50	-	740
무지개송어	1.3	302	251	166	414	-	53	115
청어	7.5	5666	355	208	470	-	-	310
전갱이	7.4	6070	-	140	410	71	10	-
참치	1.6	731	134	171	366	-	2	26
대구	1	98	38	253	390	6.5	-	213
명태	0.8	60	90	170	330	-	-	213
임연수어	7	5310	470	400	490	-	-	170
광어	1.6	740	240	180	290	-	40	120

TG , triglycerise; SE, sterol ester; HC, hydrocarbon; PC, phophatylcholine; PE, phosphatidylethanolamine; PS, phosphatidylserine; UK, unknown

7 스테롤과 스쿠알렌

콜레스테롤(cholest-5-en-3β-ol)은 동물 조직에서 가장 많이 함유되어 있는 스테롤이다. 콜레스테롤은 polyisoprenoid 혹은 triterpene이다. 콜레스테롤은 four rings(A, B, C, D)이 trans ring으로 붙어있고 side chain 과 2개의 methyl groups(C-18 and C-19)이 있다. 이중 결합은 carbons 5와 6에 있어 유연한 꼬리 부분을 가지고 동시에 rigid planar four-ring분자 형태이다(그림 5-12).

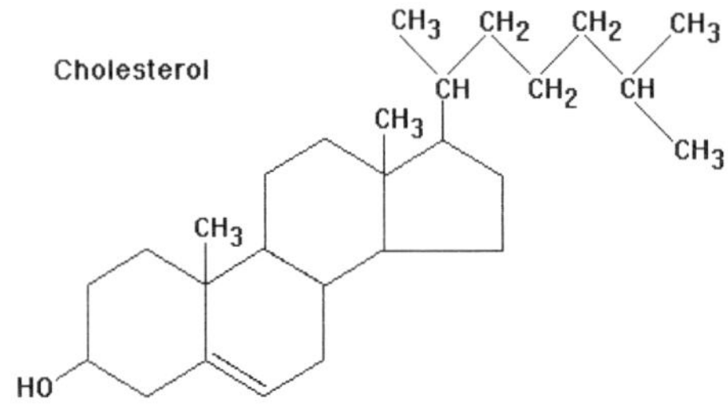

그림 5-12 콜레스테롤

콜레스테롤은 세포막의 중요성분이며 답즙산, vitamin D, steroid hormones (glucocorticoids, oestrogens, progesterones, androgens, aldosterone)의 합성 전구 물질이다. 또한 신경 시스템 등에 작용한다. 그러나 혈중 콜레스테롤의 함량은 동맥경화증의 주요 원인 물질이므로 성인병 등의 원인 물질로 알려지고 있다.

수산물에는 여러 종류의 sterol이 있으나 어류에서 중요한 sterol은 콜레스테롤과 그 지방산 ester이다. 일반적으로 어류에 비하여 오징어, 문어 등과 새우류에 콜레스테롤이 많이 함유되어 있다. 또한 어란에 다량 함유되어 있는 데 이는 난소에 콜레스테롤이 많이 함유되어 있기 때문이다(표 5-11).

그림 5-13 스쿠알렌

표 5-11 수산물의 콜레스테롤 함량(mg%)

품목	콜레스테롤	품목	콜레스테롤	품목	콜레스테롤
재첩	125	연어알	485	뱀장어	122
피조개	78	청어알	225	날치	68
반지락	76	볼락	72	붕어	52
백합	69	고등어	67	가다랭이	64
굴	76	전갱이	41	벤자리	79
왜문어	139	갯장어	53	연어	62
살오징어	180	참치	50	잉어	65
대하	132	참돔	52	꽁치	99
보리새우	164	방어	56	넙치	60
대구알	446	정어리	85	가자미	38

이외에 수산물에는 불검화물인 탄화수소가 함유되어 있다. 주요 탄화수소로는 스쿠알렌으로 심해 상어의 간유, 고래 및 대구의 간유에 함유되어 있다(그림 5-13).

8 지질 산패

지질의 산패는 비정상적인 냄새와 맛을 갖게 되는 상태를 말하며 산패의 종류는 다음과 같다.

- 지질 성분이 주변의 불쾌한 냄새와 맛을 흡수
- 가수분해에 의한 불쾌한 냄새와 맛을 가진 유리 지방산 형성
- 산화에 의해 비정상적인 휘발성 산화생성물을 형성

가. 산화에 의한 산패

산화는 수산 식품의 품질 변질의 중요한 원인 중 하나이다. 어떤 물질이 산소와 결합하는 것을 산화라고 한다. 산화의 종류는 다음과 같다.

(1) 자동 산화 (autoxidation) : 자동 산화는 지질이 공기 중의 산소와 반응하여 유도기간을 거쳐 중간 생성물인 과산화물을 생성한다. 과산화물은 불안정하여 계속 산화, 분해되어 다양한 맛과 향을 가진 휘발성 carbonyl화합물 등을 생성한다. 이러한 carbonyl 화합물을 비롯한 최종 산물이 산패취의 원인이 된다.

(2) 감광체 산화(photosensitized oxidation) : 식품에 함유되어 있는 chlorophylls, myoglobin, hemoglobin 등과 이들 분해물이 빛에 노출되면 감광체에 의한 산화가 일어난다. 감광체에 의한 산화는 대부분 활성화된 일중항 산소 분자(singlet oxygen molecule)가 지질에 함유되어 있는 불포화 지방산의 이중 결합에 직접 부가 반응한다. 이로 인해 형성된 과산화물들은 자동 산화를 촉발한다.

(3) 가열산화(thermal oxidation) : 지질 성분을 140 ~ 200℃로 가열하면 주 산화 형태인 자동산화 이외에 고온에 의한 여러 복합된 산화인 가열 산화가 일어난다.

나. 자동 산화

1) 자동 산화 중 변화

지질의 산화과정은 지질과 산소 결합, 즉 지질이 산소를 흡수함으로서 이루어진다. 산소 흡수량은 지질의 종류, 산화 조건에 따라 일정한 기간을 거친 후 급격히 증가된다. 자동 산화가 시작된 후 일정 시간 경과 후 산소 흡수량이 급격히 증가하는 시점까지의 시간을 유도기간(induction period)라고 한다(그림 5-14). 자동 산화의 경우 흡수된 산소가 과산화물 형성에 참여함으로 초기의 과산화물의 형성 속도의 변화는 산소 흡수 속도와 거의 일치한다. 따라서 유도기간은 산소 흡수량이 급격히 증가하는 기간 대신에 과산화물이 급격히 증가하는 기간으로 나타낼 수 있다. 또한 과산화물은 산소 흡수량과 달리 일단 최대치에 도달한 후 분해가 가속화되어 전체 과산화물의 함량은 감소한다. 과산화물이 계속 산화 분해되면 휘발성 카보닐 화합물, 에스테르, 유기산 등이 급격히 증가한다. 따라서 과산화물의 형성 속도가 급격히 증가하는 시점이 최종 산화 생성물이 급격히 증가되는 산패 시점이 가까워졌다는 것을 의미한다.

2) 자동 산화 기구

자동 산화는 유리 라디칼 반응으로 진행된다. 이 반응은 개시반응, 연쇄반응, 종결 반응으로 이루어져 있다.

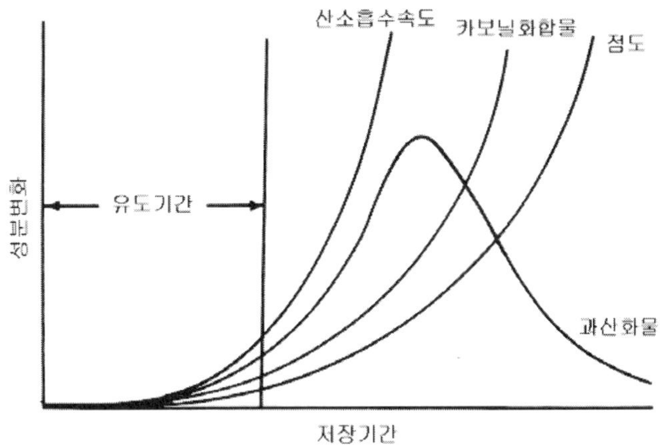

그림 5-14 유도기간과 자동 산화 중 성분 변화

가) 개시 반응

초기 반응은 가열, 기계적 에너지, 빛, 금속 등의 촉매에 의하여 결합상태가 분해되어 유리 라디칼을 형성한다. 또한 과산화물로부터 새로운 radical이 형싱된다.

나) 확산단계(전파단계)

확산단계는 유리라디칼(R·)이 산소(O_2)와 반응하여 peroxy radical($RO_2\cdot$)을 형성하고, 이 peroxy radical($RO_2\cdot$)이 다른 지질(RH)에서 수소를 떼어내어 과산화물(ROOH)과 유리 radical(R·)을 형성하여 연쇄적으로 반응한다.

다) 종결 반응

연쇄반응에서 반응성이 높은 radical에 의해 수소가 떼어지기 쉬운 지방이 소실되면 radical이 서로 반응하여 반응이 종결된다.

개시반응(initiation)

RH + Initiator(산소, 빛, 가열) → R· + H

ROOH → ROO· + H

확산반응(propagation)

$R\cdot + O_2 \rightarrow RO_2\cdot$

$RO_2\cdot + RH \rightarrow ROOH + R$

종결반응(termination)

$RO_2\cdot + RO_2\cdot \rightarrow ROOH + O_2$

$RO_2\cdot + R\cdot \rightarrow ROOR$

$R\cdot + R\cdot \rightarrow RR$

또한 중간 생성물인 과산화물이 산화 분해되어 카보닐화합물과 더불어, 알콜, 산류, 산화물 등의 각종 최종 생성물을 생산한다.

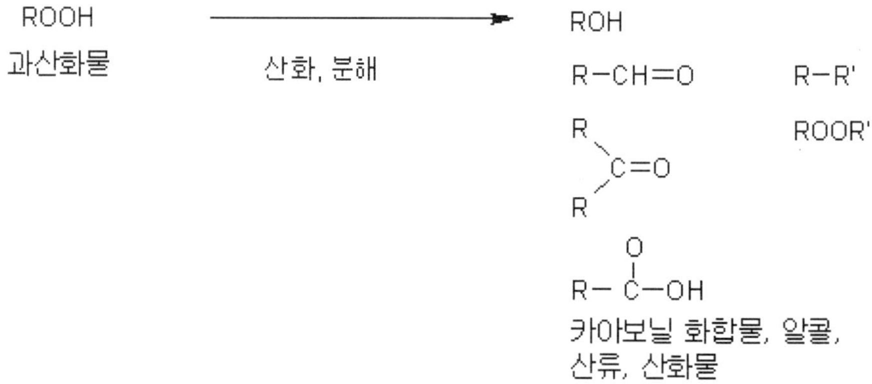

다. 가수분해에 의한 산패

지질은 산, 알칼리에 의해서 분해되어 산패된다. 그러나 대부분의 경우는 가수분해효소인 리포옥시다아제(lipoxidase)와 리포하이드로퍼옥시다아제(lipohydroperoxidase)에 의해 산패가 일어난다.

라. Rusting

건제품, 염장품 등의 수산물을 저장하면 지질이 산패되어 불쾌취가 날 뿐 아니라 지질 주위의 육색이 갈변된다. 이러한 현상을 rusting이라고 한다. Rusting은 불포화 지질이 산화되어 생기는 carbonyl 화합물과 암모니아, TMA, 각종 아미노산, 단백질과 같은 질소화합물이 서로 반응하여 생성된다.

마. 산패에 영향을 주는 인자

지질의 산패가 일어나는 주요 원인은 공기 중의 온도, 수분활성도, 산소, 빛 등이다.

1) 온도

온도가 증가할수록 산패가 촉진된다. 과산화물 분해가 온도가 10℃ 증가하면 2배 증가한다. 따라서 수산물을 저온에 저장하면 산패속도를 줄일 수 있다.

2) 수분활성도

지질의 산화는 수분활성도가 이론상 BET영역에서 가장 늦고, BET영역 이하에서는 수분활성도가 낮을수록 빨라지고, BET영역 이상에서는 수분활성도가 높을수록 빨라진다. BET영역에서 지질 산화가 늦어지는 것은 물분자가 과산화물과 반응하여 안정화시켜 유리기의 생성을 억제하기 때문이다.

3) 금속과 Heme 화합물

대구, 가자미 등에 10종의 금속이 산화에 금속이 미치는 영향을 조사한 결과 Fe^{2+}, V^{2+}, Cu^{2+}가 가장 산화촉진 작용이 있었다. Fe^{2+}는 Fe^{3+}보다 산패 촉진 작용이 높았다.

Heme 화합물의 대구, 가자미 등의 지질 산화에 미치는 영향을 조사한 결과 헤모글로빈과 catalase에 의해 산패가 촉진되지만 미오글로빈은 영양이 적었다.

4) 산소

산소를 제거하기 위해서 진공 포장, 탈산소제 첨가, 질소 취환 포장 방법 등이 있다. 빛에 의한 산패를 억제하기 위해서는 그늘진 곳에 보관하거나 빛이 투과하지 않는 불투명 용기에 저장하여한다.

5) 항산화제

식품의 항산화제의 종류는 표 5-12와 같다. 천연 항산화제인 아스코르빈산이나 토코페롤을 첨가하거나 합성 항산화제인 BHA, BHT 등을 허용 범위 내에서 첨가하여 산패를 억제할 수 있다.

표 5-12. 식품 항산화제의 종류

항산화제의 종류	예	적용 식품
페놀계통 항산화제	BHA, BHT	유지류
금속 제거제	citric acid, ascorbic acid	유지류
환원제들	ascorbic acid	함수식품
산소제거제	glucooxidase + catalse	유지류, 건조식품, 함수식품

참고문헌

金東勳 : 食品化學概論, 修學社(2006)

李應昊 : 水産加工學, 先進文化社(1996)

金東勳 : 食用油脂의 酸敗, 高麗大學校 出版部(1994)

金又俊 : 最新 水産化學, 世進社(2003)

오훈일, 이형주, 문태화, 노봉주, 김석중 : 개정2판 식품화학, 수학사(2008)

朴榮浩, 張東錫, 金善奉: 水産加工利用學, 榮雪出版社(1995)

卞在亨, 錢重均 : 水産利用化學, 修學社(1994)

채범석 : 지방질대사, 아카데미서적(1995)

http://lipidlibrary.aocs.org/

http://www.nzic.org.nz/chemprocesses/animal/5E.pdf

제 6 장 열수추출물 (Extractives, Extracts)

어류, 패류 등을 열수로 추출하면 collagen에서 유래된 단백질인 gelatin을 비롯하여 다양한 성분이 용출되어 나온다. 추출액에서 단백질, 지질, 글리코겐 등의 고분자 물질과 색소, 비타민을 제거하면 수용성 저분자 물질을 얻을 수 있다. 수용성 저분자 물질에는 다양한 염이 함유되어 있는 데 염을 제외한 수용성 유기성분을 일반적으로 열수추출물(extracts 또는 extractives)이라고 한다. Extractives는 수산 생물의 생체 대사에 중요한 역할을 하지만 동시에 수산 식품 특유의 맛을 내는 중요 성분으로 각종 조미료의 원료로 다양하게 활용되고 있다. Extractives의 함량은 갑각류나 연체동물에는 6% 이상 함유되어 있으나, 어류는 2-5% 전후 함유되어 있다. 어류 중에는 판새류>적색어>백색어 순으로 많이 함유되어 있다.

Extractives는 질소를 함유하고 있는 함질소 화합물과 무질소 화합물로 구분한다.

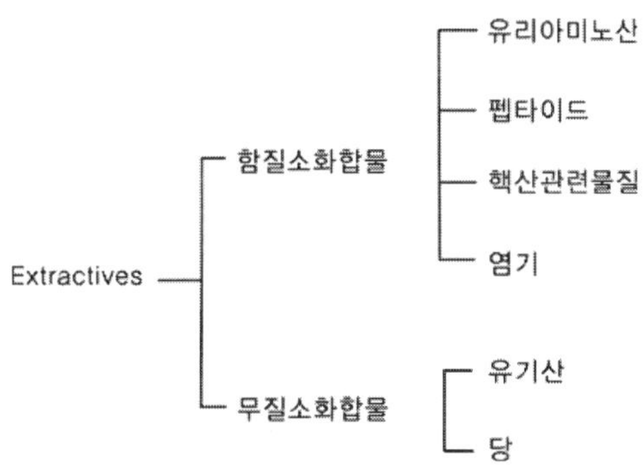

1 함질소 화합물(N-containing extractives)

함질소 화합물은 수용성이며, 저분자이고, 비단백태 질소화합물이다. 유리아미노산, 저분자 펩타이드, 유기 염기 등과 같이 질소를 함유한 화합물이 포함된다. 함질소 열수추출물의 함량은 extractive nitrogen으로 나타내는 데 판새류 근육에는 1,200 ~ 1,800 mg/100g, 백색어류는 250 ~ 380 mg/100g, 무척추 동물은 600 ~ 900mg/100g 정도 함유되어 있어 판새류에 가장 많이 함유되어 있다.

표 6-1은 백색어, 적색어, 판새류, 갑각류의 함질소 함량을 나타낸 것이다. 유리아미노산의 함량은 바닷가재, 청어, 상어, 대구 순으로 많이 함유되어 있다. 유리아미노산 중 histidine은 적색육어인 청어에 다량 함유되어 있는 반면, 다른 수산물에는 소량 함유되어 있다. 또한 바닷가재에는 glycine과 arginine이 다량 함유되어 있다. Creatine은 바닷가재 이외 모든 시료에 다량 함유되어 있고, betaine은 상어와 바닷가재에만 다량 함유되어 있다.

TMAO는 상어에 가장 많이 함유되어 있는 반면에 바닷가재에 가장 적게 함유되어 있다. 요소는 특이하게 상어에만 다량 검출되었다. 이상의 결과로 볼 때 함질소 화합물은 수산 생물의 특성에 따라 그 함량의 차이가 매우 큼을 알 수 있다.

표 6-1 어패류 근육의 함질소 화합물(mg/100g of wet weight)

함질소화합물	대구	청어	상어류	바닷가재
Total extractives	1,200	1,200	3,000	5,500
Total free amino acid	75	300	100	3,000
Arginine	<10	<10	<10	750
Glycine	20	20	20	100-1,000
Glutamic acid	<10	<10	<10	270
Histidine	<1.0	86	<1.0	-
Proline	<1.0	<1.0	<1.0	750
Creatine	400	400	300	0
Betaine	0	0	150	100
TMAO	350	250	500-1,000	100
Anserine	150	0	0	0
Carnosine	0	0	0	0
Urea	0	0	2,000	-

가. 유리아미노산

유리아미노산은 생체 내에서 단독분자로 존재하는 아미노산으로 아미노기(-NH_2)와 카르복실기(-COOH)가 해리된 상태로 존재한다. 혈액, 간, 근육에서 유리아미노산은 풀(pool)을 형성한다. 반면에 단백질이나 펩티드의 구성성분으로 존재하는 결합형 아미노산은 구성아미노산이라고 한다. 주요 수산물 근육의 유리아미노산은 표 6-2와 같다.

표 6-2 주요 수산물 근육의 유리아미노산 함량 (mg/100g)

	넙치	전갱이		정어리		참다랑어	가리비	문어	보리새우	대게
	보통	보통	적색	보통	적색	보통	패주	다리	가슴	다리
Tau	171	139	482	114	414	37	784	1,498	111	881
Asn	–	1	1	2	1	–	4	14	10	4
Thr	4	11	10	9	8	4	16	12	5	3
Ser	3	5	6	7	7	2	8	12	5	19
Glu	6	18	23	13	10	5	140	33	51	91
Pro	1	7	7	8	7	5	51	85	331	151
Gly	5	12	12	10	10	6	1925	9	1251	607
Ala	13	18	26	27	37	10	256	55	49	204
Val	1	8	7	6	6	4	8	12	24	5
Cys	–	1	1	1	1	–	8	4	–	7
Met	1	3	3	3	2	4	3	9	26	4
Ile	1	5	4	4	4	2	2	10	8	6
Leu	1	7	7	6	7	4	3	16	20	4
Tyr	1	3	3	3	3	3		10	25	2
Phe	1	3	4	3	4	7	2	9	7	4
Lys	17	31	22	27	19	33	5	21	34	12
His	1	280	122	477	197	698	2	1	27	2
Arg	3	5	3	5	3	7	323	235	624	575
Tot	230	557	743	725	740	831	3,540	2,045	2,608	2,581

유리아미노산의 총 함량이 가장 높은 것은 가리비, 보리새우, 대게, 문어와 같이 갑각류와 패류이다. 어류 중에는 가다랑어, 참치와 같은 적색육어가 참돔, 넙치와 같은 백색육어 보다 함량이 높다. 가리비, 보리새우, 대게의 함량이 높은 것은 taurine, glycine, arginine의 함량이 높기 때문이다. 가리비와 보리새우에는 glycine이 다량 함유되어 있다. 문어의 경우는 taurine이 전체 유리아미노산의 73%를 차지한 반면에 glycine은 소량 함유되어 있다. 무척추 동물은 어류보다 arginine의 함량이 많다. 무척추 동물은 에너지 생산을 위해 arginine phosphate를 체내에 가지고 있어 사후에 탈 인산되어 arginine을 생산하기 때문이다.

Histidine의 함량은 백색육어에 비하여 적색육어인 전갱이나 정어리에 많이 함유되어있다. 또한 적색육보다 보통육에 많이 함유되어 있다. Histidine은 미생물에 의해 decarboxylation되어 histamine으로 변하므로 histidine을 많이 함유하고 있는 고등어 등은 식중독에 유의하여야 한다(그림 6-1).

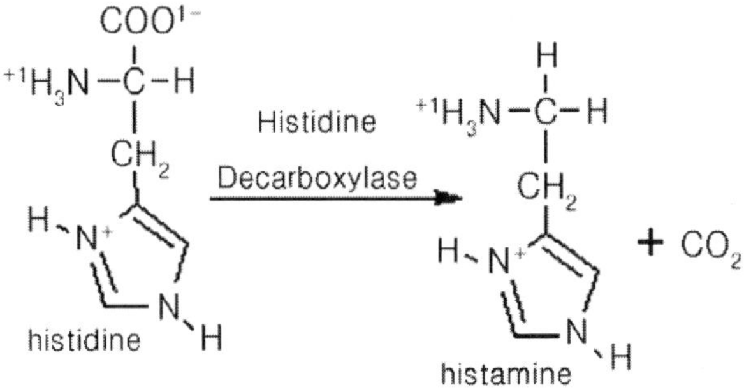

그림 6-1 Histamine 생성

유리아미노산은 일반적으로 맛을 가지고 있으며 수산물의 특유한 맛과 밀접한 관련이 있다(표 6-3).

표 6-3 유리 아미노산과 수산물의 정미성분

글루타민산	글루타민산 나트륨(MSG)은 대표적인 정미성분으로 어패류에 비교적 많이 함유되어 있다
글리신	갑각류와 패류에 많이 함유되어 있으며 상쾌한 단맛을 낸다.
알라닌	글리신보다 약한 단맛으로 약간 쓴 맛이 있다.
아르기닌	무척추 수산물에 많이 함유되어 있으며 약간 쓴맛과 맛을 풍부하게 한다.
메티오닌	성게의 맛에 관여하며 쓴맛을 낸다.
발린	성게의 맛에 관여한다.
히스티딘	가쯔오부시의 맛에 관여한다

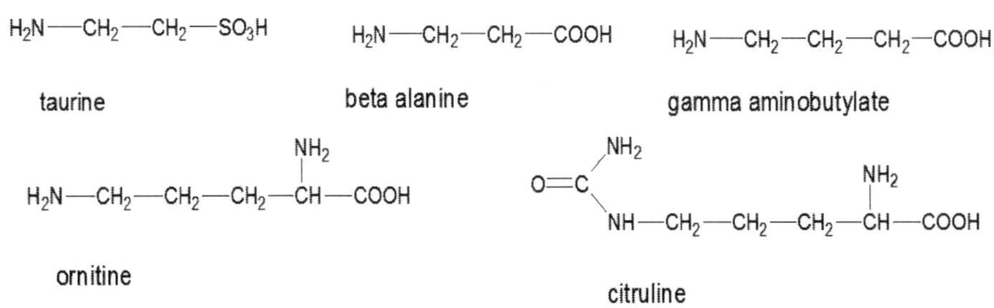

그림 6-2 단백질을 구성하지 않는 유리아미노산

또한 수산물의 유리 아미노산에는 단백질을 구성하지 않는 아미노산으로 taurine, β alanine, γ aminobutylate, ornitine, citrulline 등이 있다(그림 6-2).

나. 펩타이드

글루타티온(glutation)은 γ-L-glutamyl-L-cysteinylglycine으로 tripeptide이다. 글루타티온은 생체 내 산화환원 반응에 관여하는 데 2분자의 환원형의 glutation(GSH)이 S-S 결합을 통해 산화형의 glutation(GSSG)을 형성하기 때문이다. 수산물에는 GSH가 많이 함유되어 있다(그림 6-3).

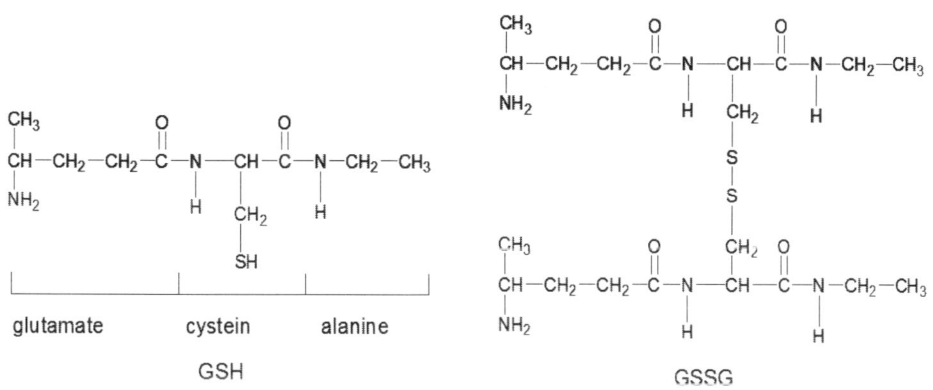

그림 6-3 환원형 글루타티온(GSH)와 산화형 글루타티온(GSSG)

다. 뉴클레오타이드 화합물

생체 에너지 운반체로 작용하는 ATP의 분해산물인 ADP, AMP, IMP는 ribose와 adenine, phosphate로 이루어져 있는 nucleotide 화합물이다. 이들 nucleotide는 어류나 무척추동물의 근육, 장기 등에 함유되어 있다. Nucleotide에서 phosphate가 제거된 것을 nucleoside라고 하며 대표적으로 inosine이 수산물의 조직에 널리 분포한다.

ATP는 사후에 ADP, AMP로 분해된다. 어류에서는 AMP가 더욱 탈아미노되어 IMP(inosine 5′-monoohosphate)로 된 후 HxR(inosine), Hx(hypoxanthine)으로 분해된다. 그러나 무척추 동물의 경우는 AMP가 탈인산되어 adenosine을 거쳐 HxR, Hx으로 분해된다. 새우와 게에는 IMP를 거치는 경로도 함께 있다(표 6-4).

이 들 nucleotide 화합물 중 IMP는 정미 성분으로 조미료에 많이 활용되고 있다. IMP는 감칠맛이 있어 MSG와 같이 사용하면 상승효과가 있어 조미료로 사용되고 있다(그림 6-4).

표 6-4 어패류 근육중 핵산관련 화합물의 사후변화 (μ mole/g)

	저장일수 (-5℃)	ATP	ADP	AMP	IMP	HxR +Hx	총량
도화새우	0	6.61	2.09	0.94	0.00	0.00	9.64
(북부근육)	28	0.18	0.17	1.31	1.61	6.14	9.46
털게	0	5.87	1.75	0.29	0.00	0.00	7.91
(복부근육)	35	0.35	0.46	3.47	1.98	1.14	7.40
오징어	0	7.48	1.53	0.55	0.00	0.01	9.57
(외투막)	20(시간)	0.83	2.89	4.70	0.00	1.35	9.77
가리비	0	3.48	1.18	1.56	0.00	0.00	6.22
(패각근)	1	0.92	1.17	1.52	0.00	2.99	6.00
참전복	0	3.48	0.59	0.20	0.00	0.00	4.27
(근육)	45	0.30	0.92	3.04	0.00	0.00	4.26
무지개송어	0	3.53	1.04	0.42	3.36	0.00	8.35
(등쪽보통육)	1	0.17	0.35	0.17	6.09	1.25	7.99

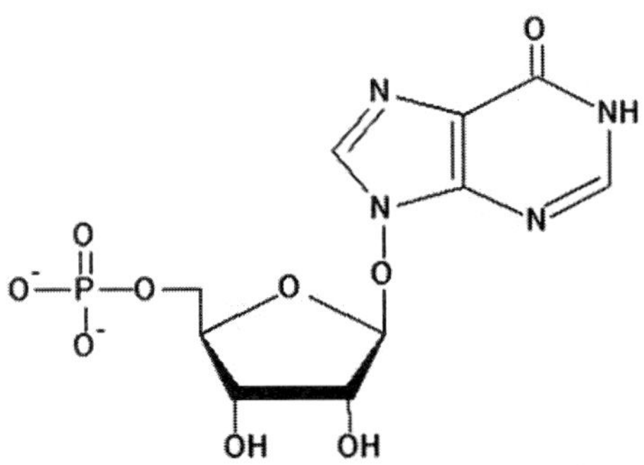

그림 6-4 IMP(inosine 5'-monoohosphate)

또한 이 들 nucleotide의 분해 속도는 어종, 어획 조건, 저장 조건에 따라 달라진다. 어류는 일반적으로 사후에 IMP로 축적된 후 시간 경과에 따라 계속 분해된다. 어종에 따라 HxR 축적형, Hx 축적형, 중간형이 있다.

라. 구아니딘 화합물(guanidino compounds)

어패류에는 arginine과 creatine처럼 구아니딘(guanidine)기를 가진 구아니딘 화합물이 있다. Creatine은 어류를 비롯한 척추동물에 많이 함유되어 있고, arginine은 패류를 비롯한 무척추 동물에 많이 함유되어 있다. Creatine은 phosphagen인 phosphocreatine에서 유래하며 creatine이 탈수되면 creatinine이 된다. 어류 근육에는 creatine이 많이 함유되어 있고, 적색육어보다 백색육어에 많으며 혈합육보다 보통육에 많이 함유되어 있다. 신선한 육에는 creatine이 많으나 가열하면 creatinine이 증가된다. Arginine은 arginine phosphate에서 유래한다(그림 6-5).

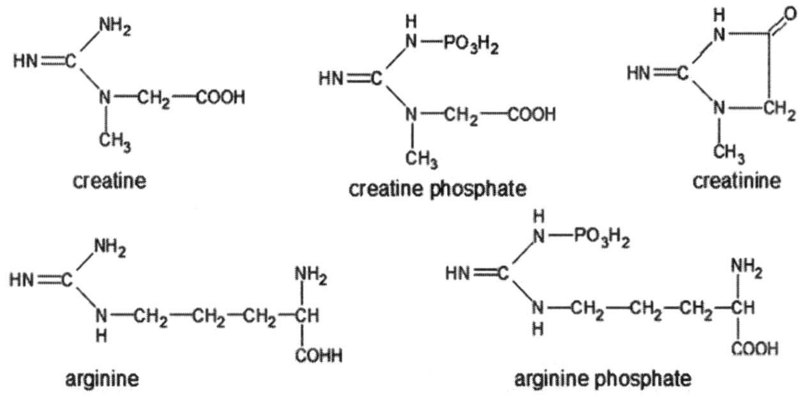

그림 6-5 구이니딘 화합물

미토콘드리아에서 생산된 creatine phosphate는 creatine kinase에 의해 creatine으로 전환됨과 동시에 ADP를 ATP로 즉각적으로 재생산한다(그림 6-6). Creatine phosphate는 신속한 근육 운동이나 세포내 일정량의 ATP를 유지하는 역할을 한다.

Creatine kinase는 어류 근형질 단백질의 약 10 ~ 20%를 차지한다. 무척추 동물에서는 creatine phosphate 역할을 arginine phasphate가 한다.

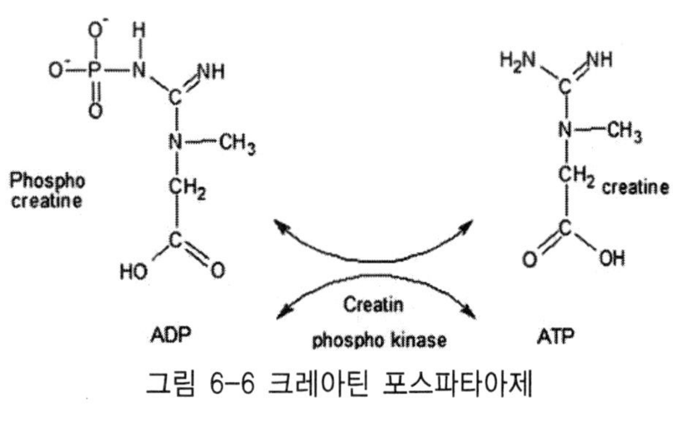

그림 6-6 크레아틴 포스파타아제

마. 오핀류(opines)

연체동물이나 환형동물에는 octopine, strombine, tauropine, β alanopine, alanopine의 5종의 opine이 있다. 이들은 모두 D-alanine에 L-arginine, glycine, taurine, β alanine, L-alanine이 각각 imino기를 공유하며 결합되어 있다. Octopine은 문어, 오징어, 쿤가리비, 홍합 등에 많다. 큰 가리비를 강제로 움직이 면 phosphoarginine이 급격히 줄어들면서 arginine과 octopine이 증가한다. 그러나 오핀류는 연체동물의 각 조직에 널리분포하나 그 기능은 아직 명확히 밝혀져 있지 않다(그림 6-7).

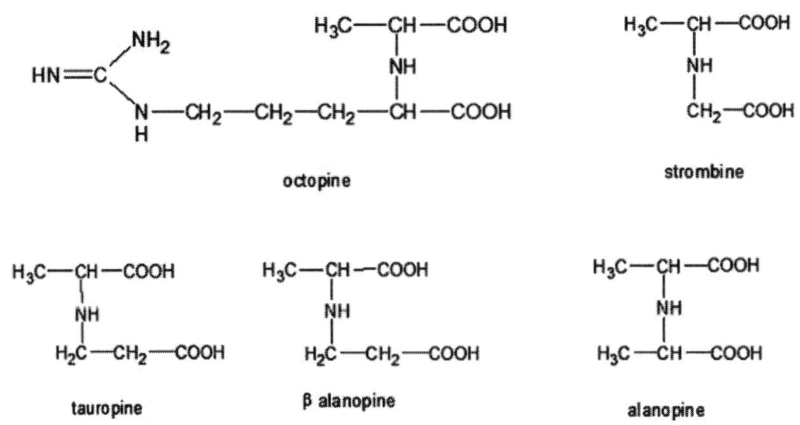

그림 6-7 오핀류

바. 베타인(betaine)

베타인류는 4급 암모늄 염기로 양쪽 이온성을 갖는다. 수산물에 검출되는 베타인으로는 glycine betaine, hormarine, trigonerine, β alanine betaine, carnitine 등이 있다(그림 6-8). 이 중 어패류에 많이 검출되는 베타인은 glycine betaine과 hormarine이다. 주로 패류에 검출되며 어류에는 소량 존재한다. Glycine betaine은 단맛을 가지고 있어 패류의 정미 성분에 기여한다. β alanine betaine은 우렁쉥이, 키조개, 큰 가리비 등에 많다.

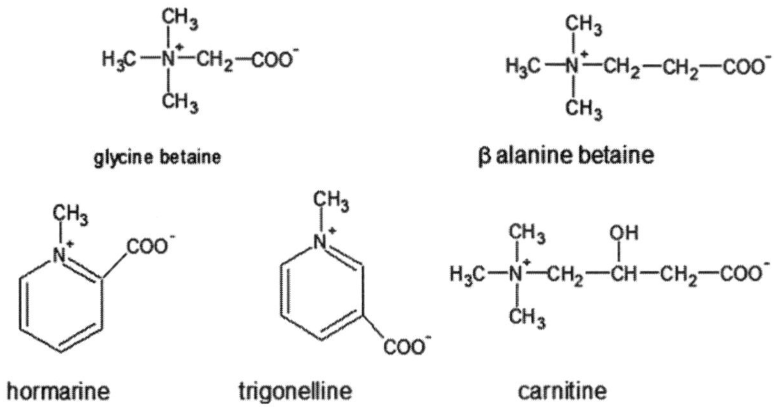

그림 6-8 베타인 류

사. TMAO(trimethylaminooxide)

TMAO는 어류 특유의 중요한 성분이다. TMAO는 근육 건물량 기준으로 1 ~ 5% 정도 함유되어 있다. 그러나 빅토리아 호수의 틸라피아 등을 제외하고는 대부분의 담수산 어류에는 검출되지 않는다. 이들 TMAO는 urea와 함께 삼투압 유지에 관여한다. 근육 조직에 함유되어 있는 TMAO의 함량은 어종, 계절, 환경 등에 따라 달라진다. 일반적으로 오징어에 많이 함유되어 있고(75 ~ 250 mg N/100 g), 적색육어보다 백색육어에 많으며 대구류에 많다(60 ~ 120 mg N/100 g), 회유성 어류인 정어리, 참치, 고등어는 적색육에 TMAO의 함량이 높으며 백색육어는 보통육에 더 많이 함유되어 있다.

TMAO는 수산물의 사후에 세균의 TMAO 환원효소에 의해 TMA(trimethyl-amine)으로 환원되기 때문에 비린내의 원인이 된다(그림 6-9).

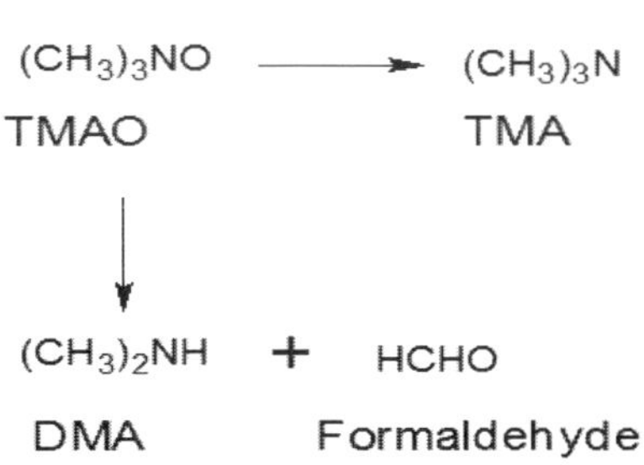

그림 6-9 TMAO의 대사

아. 요소(urea)

질소배설물은 수산물 종에 따라 다르다. 수중 동물의 주 배설물 형태는 암모니아이다. 수중 동물은 수중 생활을 하기 때문에 암모니아를 녹여 바로 배설을 할 수 있으나 다른 동물은 바로 배설할 수 없어 암모니아 독성을 요소 또는 요산 형태로 전환하여 배설한다. 상어, 가오리 등의 연골어류는 urea cycle을 통해 요소 형태로 전환한 후 근육과 장기에 축적한다(그림 6-10). 포유동물은 암모니아로부터 carbamoyl phosphate를 거쳐 urea cycle로 들어가나 연골어류는 glutamine으로부터 carbamoyl phosphate를 거쳐 urea를 생성한다.

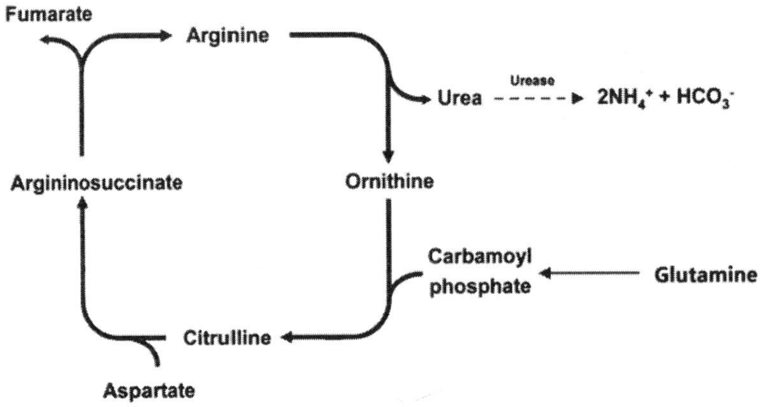

그림 6-10 urea cycle

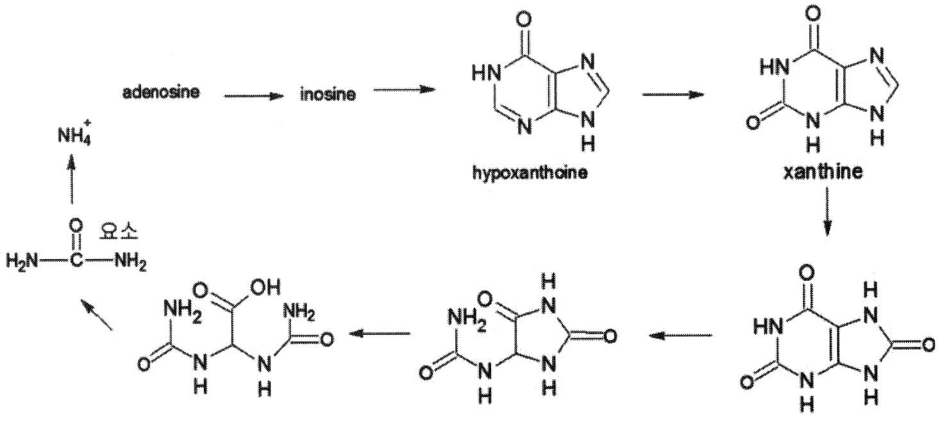

그림 6-11 퓨린계의 배설

퓨린계 질소도 경골어류에서는 urea 형태로 배설되며, 무척추 동물은 암모니아와 요소 이외에 요산으로도 배설한다(그림 6-11).

상어류의 연체동물에는 다량의 요소가 함유되어 있는 데 사후에는 근육에 함유되어 있는 urea가 세균의 urease에 의해 암모니아와 이산화탄소로 분해된다. 암모니아, DMA, TMA와 같은 아민류는 생선 비린내의 주요한 성분이다.

2 무질소 화합물

질소를 함유하지 않은 유리당, 유기산 등이 무질소 화합물이다. 가다랑어를 비롯한 회유성 어류는 일반적으로 글리코겐의 함량이 많아 어획시 혐기적 해당대사를 통하여 젖산으로 분해된다. 생성된 젖산에 의해 육의 pH가 감소하여 회유성 어류의 pH는 5.6 ~ 5.8까지 감소한다. 반면에 저서성 백색육어는 상대적으로 글리코겐의 함량이 낮아 pH는 6.0 ~ 6.2까지 감소한다. 어류 근육 중에 존재하는 유리당으로는 glucose와 ribose가 가장 많다. Glucose는 사후에 glycogen이 분해되어 생성되며 어체 내 축적된다. Ribose는 살아있는 어류 근육에 상당량 검출되지만, 사후에는 ATP가 분해되어 생성된 inosine으로부터 유리되어 생성된다.

어패류 근육에 검출되는 유기산은 propionic acid, pyruvic acid, lactic acid, fumaric acid, citric acid, succinic acid이 있다. Pyruvic acid와 lactic acid는 해당반응으로 만들어진다. 참치와 같은 회유성 어족은 glycogen이 1% 정도 함유되어 있어서 어획 후 근육에 lactic acid가 600 ~ 700mg/100g 정도 축척되고 저서성 어류에 축척된 lactic acid가 200 ~ 300mg/100g 정도에 불과하다. 그러나 젖산의 축적량은 어획 조건에 따라 혐기성 해당과정이 달라지므로 크게 변동된다.

무척추 동물의 유기산은 어류와 크게 다르다. 새우와 게 등의 갑각류는 lactic acid의 함량이 높다. 그러나 오징어, 문어, 패류는 lactate dehydrogenase의 활성이 낮아 해당과정에서 만들어진 pyruvic acid의 대부분은 arginine과 결합하여 octopine으로 된다. 또한 반지락, 재첩, 가리비는 해당과정에서 만들어진 phosphoenolpyruvic acid를 거쳐 TCA cycle에 연결되어 주로 succinic acid, malic acid, fumaric acid가 축적되며 lactic acid의 함량은 적다.

참고문헌

박희열 : 수산가공학, 수학사(1998)

장호영, 이상호, 정병곤, 류동기, 조수근, 박성우, 김영식, 구재근, 김수관 : 수산학개론, 바이오사이언스(2008)

山田英明 外 1人 : 水産物の利用, 成山堂書店, 東京(1999)

阿部宏喜 外 1人 : 魚の科學, 朝倉書店, 東京(1994)

鴻巣章二 外 1人 : 水産利用化學, 恒星社厚生閣, 東京(1992)

坂口守彦 : 魚介類のエキス成分, 恒星社厚生閣, 東京(1988)

池田靜德 : 魚介類の薇量成分, 恒星社厚生閣, 東京(1981)

野中順三九 : 水産利用科學, 恒星社厚生閣, 東京(1987)

渡變悅生 : 魚介類の鮮度と加工・貯藏, 成山堂書店, 東京(1995)

渡變悅生 : 魚介類の鮮度判別と品質保持, 恒星社厚生閣, 東京(1995)

太田靜行 : 水産物の鮮度保持, 波書店, 東京(1990)

李應昊 : 水産加工學, 先進文化社(1996)

金又俊 : 最新 水産化學, 世進社(2003)

朴榮浩, 張東錫, 金善奉: 水産加工利用學, 榮雪出版社(1995)

卞在亨, 錢重均 : 水産利用化學, 修學社(1994)

渡部終五 : 水圈生化學の基礎 恒星社厚生閣, 東京(2008)

Lee, N. 외 5인 : Biosensors and Bioelectronics, 9, p.593-599(1994)

Huss, H.H. : Quality and Qualtity changes in fresh fish, FAO(1995)

제 7 장 어패류의 사후변화

어패류는 사후에 호흡이 정지되나 생화학적 변화는 계속된다. 그러나 살아있을 때와 달리 호흡이 멈추어짐에 따라 산소 공급이 중단되어 혐기적 대사가 진행된다. 대표적인 혐기적 대사로는 glycogen이 분해되어 젖산이 축적되고, ATP가 감소되어 사후 경직이 발생하는 것이다. 이 후 자가 효소의 작용이 시작되고 미생물에 의한 분해가 가속되어 결국 부패된다(그림 7-1).

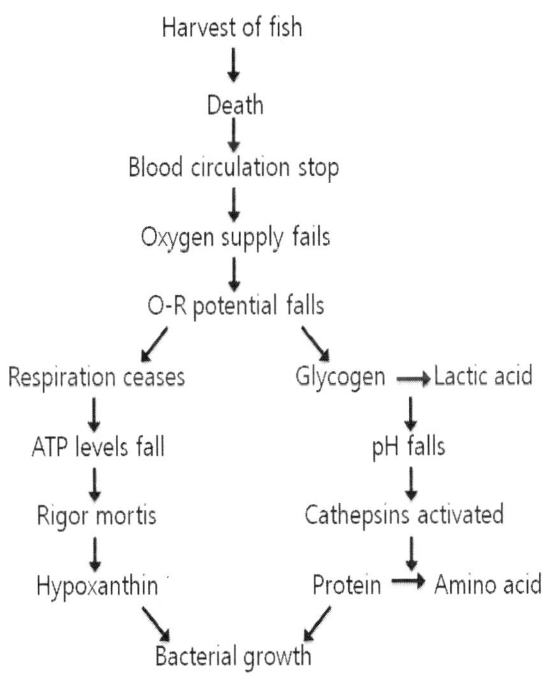

그림 7-1 사후변화

이러한 사후 변화를 일반적으로 다음과 같이 3단계로 구분한다.

1단계. 사후 경직

2단계. 해경(자가소화)

3단계. 부패

1 사후 경직

가. 관능적 변화

어패류의 사후 가장 먼저 일어나는 변화는 관능특성 변화이다. 수산물을 냉장 저장하면 2일 이내에 변화가 나타나는 데 가장 전형적인 변화는 사후 경직이다. 사후에 일정 시간이 경과 될 때까지는 근육이 유연하고, 탄력이 유지되나 일정 시간이 지나면 근육이 수축되어 단단해지며, 유연성이 떨어진다. 이러한 현상을 사후 경직이라고 한다.

사후 경직 시간에 도달할 때까지 걸리는 시간은 소는 24시간, 돼지는 12시간, 닭은 2시간이다. 저온(5℃)에서 사후 경직에 도달하는 시간은 소는 8 ~ 10일, 돼지는 4 ~ 6일, 닭은 12 ~ 24시간이다. 반면에 어류 근육은 사후 경직 기간이 수분 ~ 10시간이다. 사후 경직이 발생하는 속도와 지속시간은 어종에 따라 다를 뿐 아니라 어획방법, 어류의 크기, 보관 온도 등에 따라 달라진다.

경직 상태가 하루 혹은 수일 진행된 후에는 단단한 근육이 다시 유연해지는데 이를 해경이라고 한다. 해경이 되면 근육이 다시 유연해지나 경직이 일어나기 전의 탄력성은 회복되지 않는다.

사후 경직과 해경 속도는 온도에 따라 차이가 난다. 일반적으로 온도가 높으면 속도가 빠르다. 그러나 적도에 서식하는 어류의 경우는 오히려 반대현상을 나타내어 사후 경직 속도가 10℃보다 0℃에서 오히려 빨리 진행되는 등 어종에 따라 차이가 있다. 대구의 경우는 온도가 높으면 사후 경직이 빨리 진행되고, 경직도가 매우 강해진다. 그러나 강한 경직은 근육 연결 조직을 약하게 하여 fillet을 파괴하는 gaping 현상을 유발하기 때문에 높은 온도 저장은 대구의 품질을 저하시킨다. 즉살한 붉은 도미를 0℃와 10℃에 저장하면서 사후 경직도과 ATP 함량을 측정하면 0℃에 저장한 시료가 10℃에 비하여 사후 경직이 빨리 일어나고, ATP도 빨리 감소한다. 이는 저온에서 근육 조직의 손상이 일어나기 때문이다. 즉, 10℃에서는 ATP가 고갈됨에 따라 근소포체와 미토콘드리아에 Ca^{2+} 이온을 축척, 유지할 수 없기 때문에 사후 경직이 일어난다. 그러나 저온인 0℃에서는 근소포체와 미토콘드리아의 막이 저온에 의해 손상되어 Ca^{2+} 이온이 누출됨에 따라 사후 경직이 일어난다(**그림 7-2**).

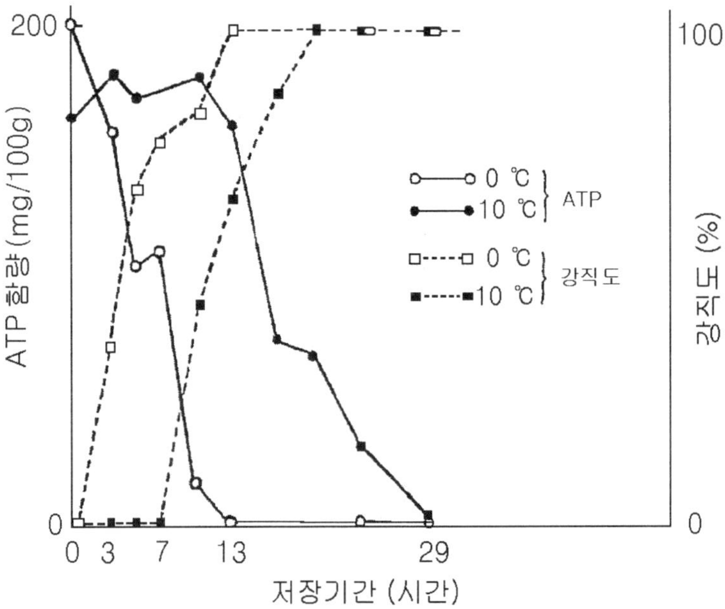

그림 7-2 붉은 도미의 저장 중 ATP와 강직도의 변화

어류가 굶거나, glycogen이 고갈되거나, stress를 받으면 사후 경직이 빨리 진행된다. 또한 치사조건에 따라 달라지는 데 차가운 얼음 속에 넣어 치사하면 사후 경직이 빨라진다.

사후 경직은 가공 처리 시에 매우 중요하다. 사후 경직된 어체는 조직이 단단해서 필렛 가공시 수율이 떨어지고, 잘못 취급을 하면 gapping이 발생한다. 사후 경직 전에 필렛 가공하면 사후 경직이 일어나면서 근육이 수축하는 데 적색육어는 52%까지 수축하는 경우도 있고, 백색육어는 15%까지 수축한다. 사후 경직 전에 삶으면 근육이 부드럽고, 끈적끈적하나 사후 경직 상태에서 삶으면 근육이 질기나 건조하지 않는다. 사후 경직이 완료된 육의 경우는 단단하고, 즙이 많고 탄력이 있다.

사후 경직 전에 냉동한 어류는 해동시 냉동 상태에서 사후 경직이 일어나도록 유의하면서 해동하면 품질이 우수하다.

표 7-1은 여러 어류의 치사 조건과 저장 온도에 따른 사후 경직 시작 시간과 해경이 시작하는 시간을 나타내었다. 피로어가 휴식어에 비하여 사후 경직과 해경이 빠르고 온도가 높을수록 사후경직과 해경 시간도 빠르다.

표 7-1 어류의 사후경직 및 해경 시작 시간

종류	치사조건	온도℃	사후경직 시작 (시간)	해경시간 (시간)
대구	피로어	0	2-8	20-65
	피로어	10-12	1	20-30
	피로어	30	0.5	1-2
	휴식어	0	14-15	72-96
농어과	휴식어	2	2	18
틸라피아	피로어	0	1	
	휴식어	0	6	
멸치	피로어	0	20-30	18
가자미(유럽)	피로어	0	7-11	54-55
검정대구	피로어	0	18	110
레드피쉬	피로어	0	22	120
가자미(일본)		0	3	〉72
		5	12	〉72
		10	6	72
		15	6	48
		20	6	24
잉어		0	8	
		10	60	
		20	16	

선어의 관능평가는 시장에서 주로 이루어지는 데 외관, 근육 조직감, 냄새로 평가한다. 사후 경직 중인 어류의 관능 특성은 어종과 저장 온도에 따라 매우 큰 차이가 난다. 대부분의 관능평가는 빙장 상태에서 저장하여 두고 평가한다. 평가 기준은 표 7-2 채점표와 같으며 0점에서 3점까지 구분하여 채점하고 3점일 때 가장 우수하다.

빙장 중 어류 품질 저하의 패턴은 4단계로 구분할 수 있다(그림 7-3). 채점 점수는 10점이 가장 신선하고, 8점은 양호, 6점은 보통, 4점 이하는 불량이다.

제 1단계 : 어류가 극히 신선하고, 맛있는 단계. 대구 등의 경우 어획 후 2 ~ 3 일 째에 가장 맛이 좋다.

표 7-2 선도 채점기준

검사부위	점수 3	 2	 1	 0
외관				
어피	밝고, 빛나며, 퇴색되지 않음	밝으나 빛나지는 않고, 약간의 흐릿한 점액	퇴색이 진행되며 흐릿하고 희부옇한 점액	흐릿한 색상과 불투명한 점액
눈동자	돌출되고 투명한 각막, 검고 밝은 눈동자	돌출되고 일부 함몰되고, 약간 유백색의 각막, 검고 흐릿한 눈동자	평평하고, 유백색의 각막, 흐릿한 눈동자	중심이 오목하고, 유백색 각막, 회색 눈동자
아가미	밝은 색상, 점액이 없음	색이 약간 바래고, 맑은 점액이 소량 검출	퇴색, 불투명한 점액	노랗고, 유백색 점액
복부살	푸른 반투명, 부드럽고 빛남, 고유의 색	미끄럽고, 말랑말랑하며, 약간 변한 흐릿한 색	약간 불투명	불투명
척추색	고유색	약간 분홍색	분홍색	붉은 색
기관들	콩팥과 다른 장기는 밝은 적색	콩팥과 다른 장기는 흐린 적색 혈액 퇴색	콩팥과 다른 장기, 혈액이 바랜 적색	콩팥과 다른 장기 색이 갈색
촉감				
살	단단하고, 탄력이 있으며 부드럽다	덜 탄력적	약간 부드럽고 덜 탄력적, 물렁하고 흐릿한 표면	부드럽고, 비늘이 쉽게 표피에서 떨어지고, 표면이 주름지고 파삭파삭함
복막	살에 완전 접착	접착	약간 접착	접착 안됨
냄새				
아가미, 표피	해조냄새	무취	약간 시큼한 냄새	시큼한 냄새

제 2단계 : 어류 고유의 맛과 향이 사라진다. 그러나 나쁜 맛과 향은 없다. 조직감도 아직 살아있다.

제 3단계 : 어종에 따라 부패 징후가 나타나고, 불쾌한 냄새가 나기 시작한다. TMAO가 미생물의 작용에 의해 TMA로 변하기 시작한다. TMA는 어취의 주요 냄새 성분이다. 적색육어의 경우 신맛이 날 수 있고, 암모니아 냄새도 발생한다. 조직은 물러지거나 딱딱해진다.

제 4단계 : 부패 단계이다.

어류의 품질 단계는 S 형태의 곡선을 나타낸다. 어획 후 초기 단계인 1단계에서는 신속히 품질 저하가 일어나고, 2, 3 단계에서는 완만히, 그리고 부패 단계인 4단계에서는 신속히 진행된다.

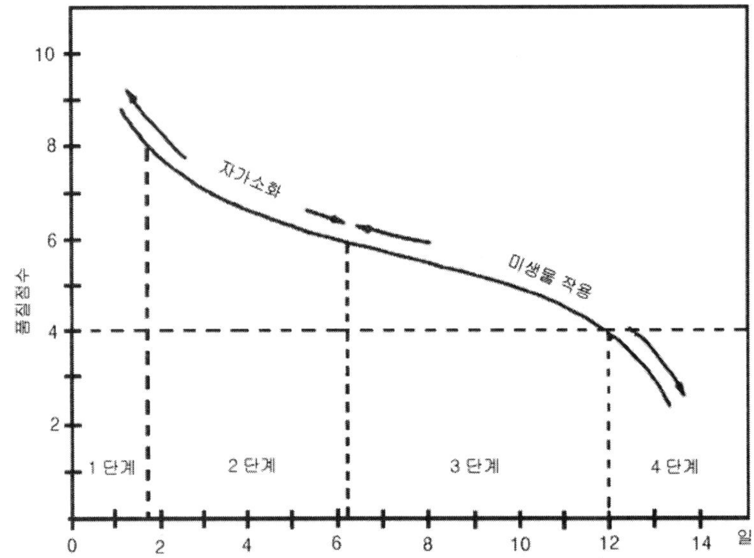

그림 7-3 빙장(0℃)한 대구의 관능 변화

나. 생화학적 변화

사후에 산소가 공급되지 않으면 해당 경로가 호기적에서 혐기적으로 변한다. **그림 7-4**는 수산물의 호기적 및 혐기적 glycogen 분해 경로이다. 어획 후 대부분 어류의 경우 혈액의 순환이 멈추므로 근육 조직에 산소 공급이 제한된다. 살아있는 경골어류의 근육은 glycogen 혹은 지질을 일련의 체내 효소로 분해하여 최종적으로 이산화탄소, 물, ATP를 생산한다.

Glycogen은 호기적 조건에서는 미토콘드리아에서 glucose로 분해된 후 pyruvate를 거쳐 TCA cycle을 통해 glucose당 36 mole의 ATP를 생산한다(**그림 7-5**).

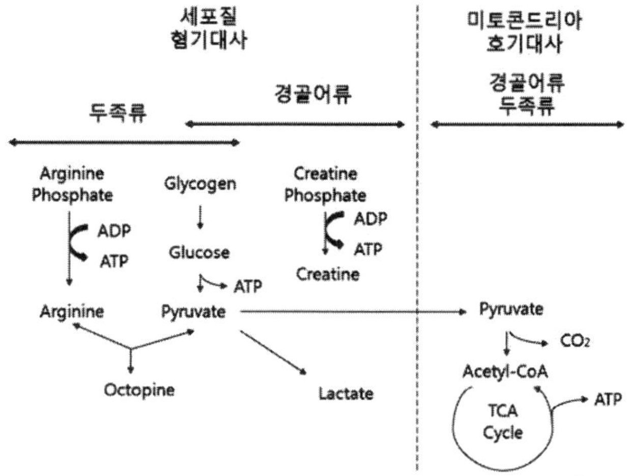

그림 7-4 호기적 및 혐기적 glycogen 분해

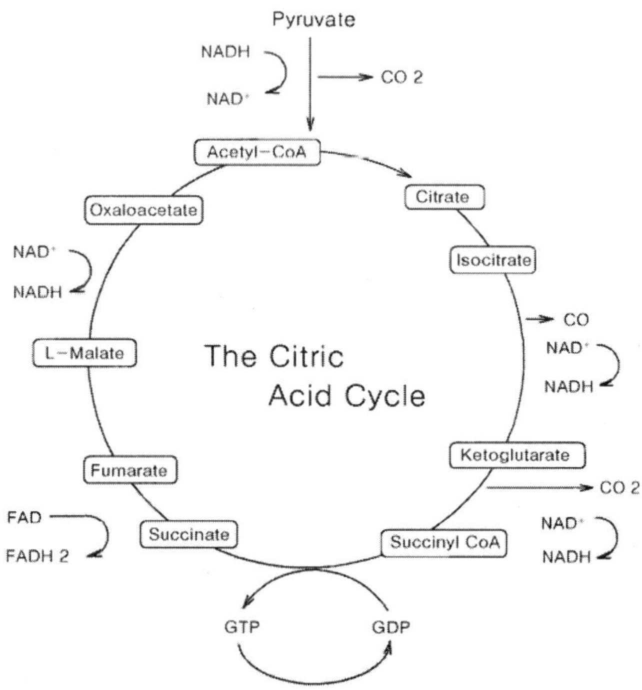

그림 7-5 TCA cycle

사후경직에 관련된 주요한 생화학 반응은 glycogen의 분해이다. 어획 후 사후에는 혐기적 조건에서는 pyruvate가 lactate로 변화되어 glucose당 2 mole의 ATP를 생산한다(그림 7-4, 7-6, 7-7).

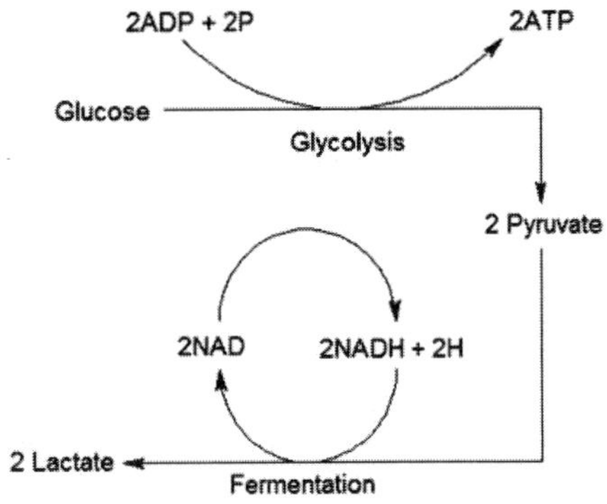

그림 7-6 lactic acid 발효

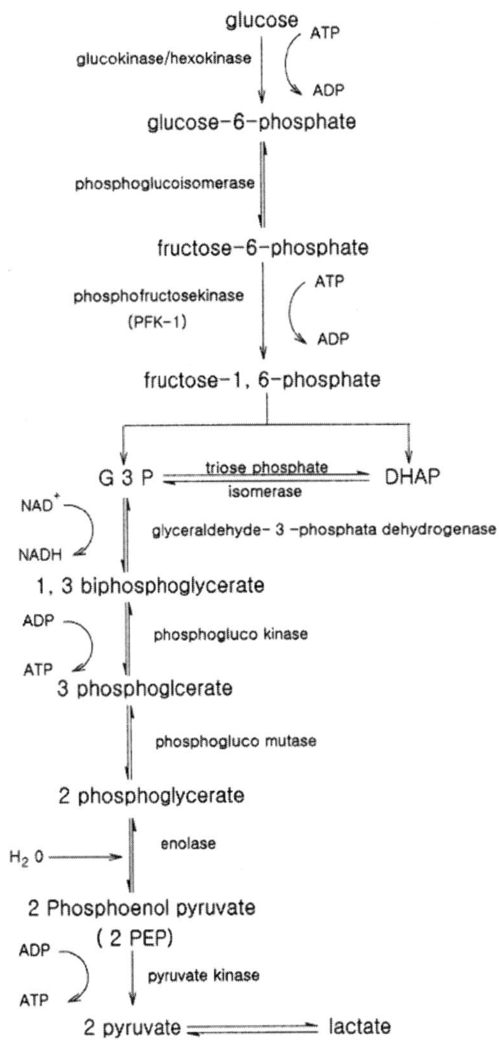

그림 7-7 혐기적 glycogen의 분해

또 다른 사후 에너지 획득 방법으로 creatine phosphate와 arginine phosphate로부터 ATP를 얻는 방법이 있다. 경골어유는 creatine phosphate로부터 ATP를 생산하며, 오징어와 문어와 같은 무척추 동물은 arginine phosphate로부터 ATP를 생산한다(그림 7-8, 7-9). 사후에 소실된 ATP는 phosphagen과 phosphoferase에 의해 ADP로 부터 ATP로 재생된다. Myokinase에 의한 ADP로부터 ATP재생 반응도 진행된다.

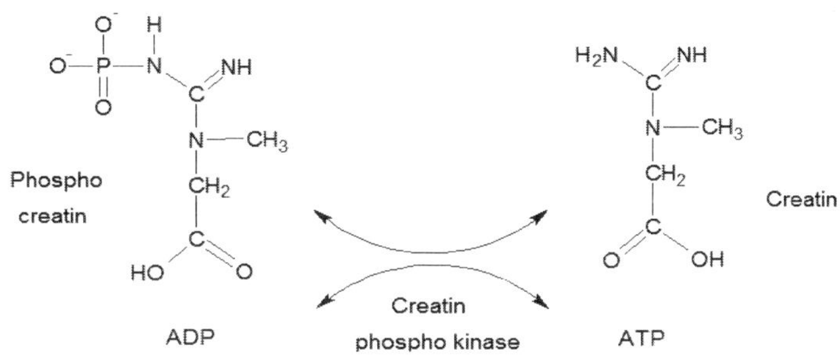

그림 7-8 Creatine phosphate

그림 7-9 Arginine phoaphate

Phosphagen과 phosphoferase에 의해 사후에 일정한 기간 동안에는 ATP의 함량이 유지된다. 그러나 phosphagen과 glycogen이 소실되고 최종적으로 ATP가 소실되면 근육이 굳어진다. ATP가 소실되는 시점과 사후 경직이 발생하는 시점과는 밀접한 상관성이 있다.

살아있는 동물 근육의 pH는 7.2 ~ 7.4이나 사후 경직 중 혐기적 해당이 진행됨에 따라 lactic acid의 축척과 ATP 생산시 H^+의 생성으로 인해 pH가 감소한다. 사후 pH 감소는 glycogen 함량과 밀접한 관련이 있다.

저서성 백색육어 근육은 glycogen의 함량이 적어(0.4%이하) pH는 6.0 ~ 6.4 정도 감소한다. 반면에 회유성 적색육어 근육에는 glycogen의 함량이 높아(약

1.0%) pH는 5.2 ~ 5.6까지 감소하며 패류도 동일한 정도로 pH가 떨어진다. 만약 근육내의 pH가 감소하면, Ca^{2+} 이온이 소포체와 미토콘드리아로부터 유출되어 근원섬유 단백질이 동시에 경직되는 데 이러한 변성은 근육의 경직도에 영향을 미친다.

사후 경직 중 pH의 저하는 근육의 물성에 영향을 준다. pH가 저하됨에 따라 근육 단백질 표면의 전하가 감소하여 부분적으로 단백질이 변성되고, 보수력이 저하된다. 사후경직 상태의 근육 조직을 가열하면 수분이 더욱 손실된다. 수분의 소실은 어류 근육의 조직감에도 영향을 끼친다. pH와 조직이 딱딱해지는 물성은 역상관성을 나타낸다. pH가 낮으면 조직감이 거칠어진다(그림 7-10).

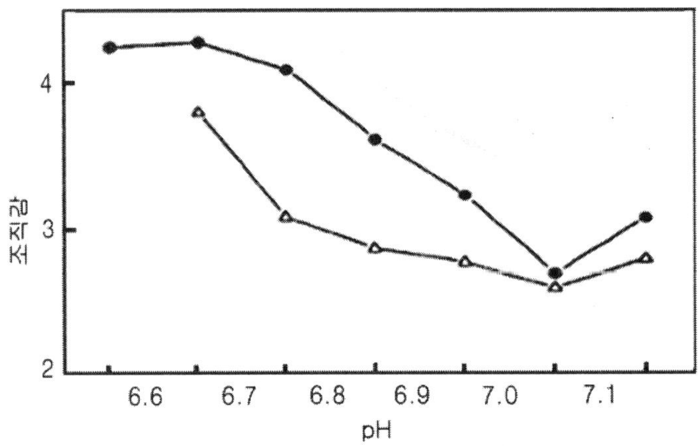

그림 7-10 대구 근육의 조직감과 pH의 관계

다. 사후 경직의 기구

사후에 근육이 경직되는 기구는 살아있는 근육의 수축과 동일하다. 살아 있는 근육이 수축되면 근원섬유의 길이가 짧아지는 데 가는 근섬유(actin)가 두꺼운 근섬유(myosin)사이로 들어가기 때문이다. 근육의 수축과 이완은 Ca^{2+} 농도 조절에 의해 결정된다. 이완될 때에는 세포질내의 Ca^{2+} 농도가 낮고 대부분의 Ca^{2+}은 소포체에 있다. 근육이 수축할 때는 소포체로부터 Ca^{2+} 이 유리되어 나와 세포질에 Ca^{2+} 의 농도가 증가한다. 증가된 Ca^{2+} 이 troponin C에 결합되면 신호가 tropomyosine을 통하여 actin으로 전달되고 ATPase 활성이 촉진되어 근육이 수축하게 된다.

사후 경직은 외부 신호 자극 없이 서서히 발생하며 불가역적이다. 사후에는 혐기적 대사에 의존하므로 ATP 농도가 결국 줄어들게 된다. Ca^{2+} 이온을 소포체에 축적하기 위해서는 ATP가 필요하나 사후에는 ATP가 부족하므로 결국 ATP가 소포체에서 유리되어 세포질로 누출되어 근육이 수축하게 된다(그림 7-11).

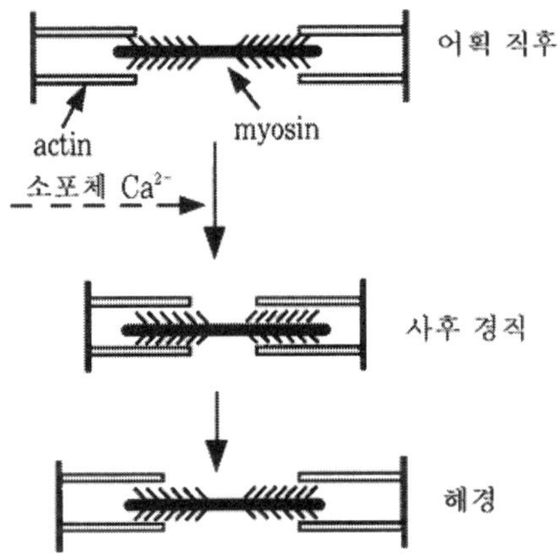

그림 7-11 사후 경직 기구

사후 경직의 세기는 어종, 생리조건, 어체의 크기, 서식온도, 어획조건, 저장온도에 따라 달라진다. 또한 사후 경직에 도달하는 시간과 사후 경직이 유지되는 시간은 근육에서 일어나는 다양한 생화학적 반응의 속도에 달려있는 데 어종, 영양상태 및 저장 조건에 따라 달라진다(그림 7-12).

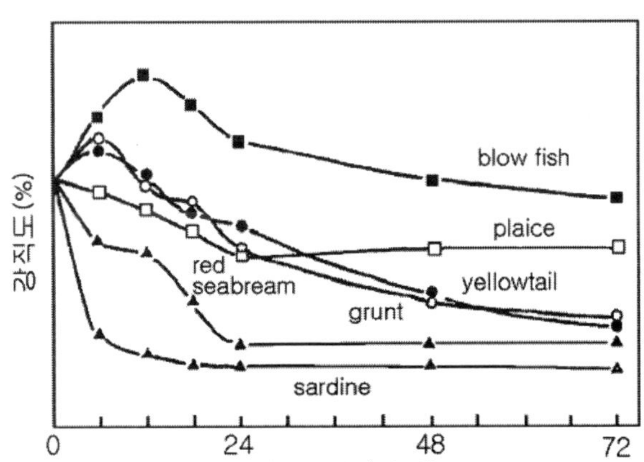

그림 7-12 냉장 저장 중 어육 근육의 강직도 변화

라. 이상 수축

1) 한냉 수축

어획 후 근육의 온도가 너무 급히 저하 되는 경우 근육의 경직과 수축이 현저히 일어나 해동하여도 근육의 유연성이 떨어지는데 이러한 현상을 한냉 수축이라 한다. ATP의 분해 속도는 일반적으로 15℃이상에서는 온도가 높을수록 빨라지나 15℃이하에서는 온도가 낮을수록 빨라진다. 특히 온도가 0℃ 정도로 낮아지면 한냉 수축이 잘 발생한다. 따라서 근육의 온도가 10℃이상에서 사후경직이 발생하도록 서서히 냉각하면 이 현상을 막을 수 있다.

2) 해동 경직

어획 직후 급속히 냉동한 어육을 해동할 때 신속히 해동하면 급격히 근육이 수축하는 데 이런 현상을 해동 경직이라고 한다. 선도가 좋은 어체를 신속히 동결하면 ATP는 보존되나 동결에 의해 근소포체가 파괴되어 해동시 Ca^{2+}이 누출되어 급격히 수축이 일어나며 다량의 drip이 발생하는 현상이다. 이를 방지하기 위해서는 완만히 동결하여 ATP를 소비시켜야 한다.

2 해경 및 자가소화

사후강직이 풀리는 현상을 해경이라고 한다. 해경의 기구는 아직 정확히 밝혀져 있지 않으나 자가 효소 작용으로 인하여 경직된 complex가 분해되어 근육 조직이 연화되어 해경이 일어나는 것으로 생각된다.

가. 핵산관련 물질 변화

자가소화에 의한 변화 중 하나는 ATP 관련 물질의 분해이다(그림 7-13). 대부분의 어류에 함유되어 있는 ATP는 ADP(adenosine diphosphate), AMP (adenosine monophosphate), IMP(inosine monophosphate), inosine(HxR), hypoxanthin(Hx)으로 분해된다. 그러나 분해 속도는 어종에 따라 다르고 또한 부패 정도에 따라 달라진다. 연체류와 두족류는 ATP, ADP, AMP, adenosine, HxR, Hx 순으로 분해되고, 갑각류는 양쪽 경로를 모두 가진다(표 7-3). 따라서 수산물 종류별 K값은 다음과 같다.

어류: $$K(\%) = \frac{HxR+Hx}{ATP+ADP+AMP+IMP+HxR+Hx} \times 100$$

연체류: $$K(\%) = \frac{HxR+Hx}{ATP+ADP+AMP+HxR+Hx} \times 100$$

갑각류: $$K(\%) = \frac{HxR+Hx}{ATP+ADP+AMP++IMP+AdR+HxR+Hx} \times 100$$

IMP : inosine monophosphate, AdR : adenosine, HxR : inosine, Hx : Hypoxanthine

신선도를 측정하는 K값은 사후 경직 중 자가소화에 기초한다. 따라서 K값이 높으면 신선도가 떨어진다.

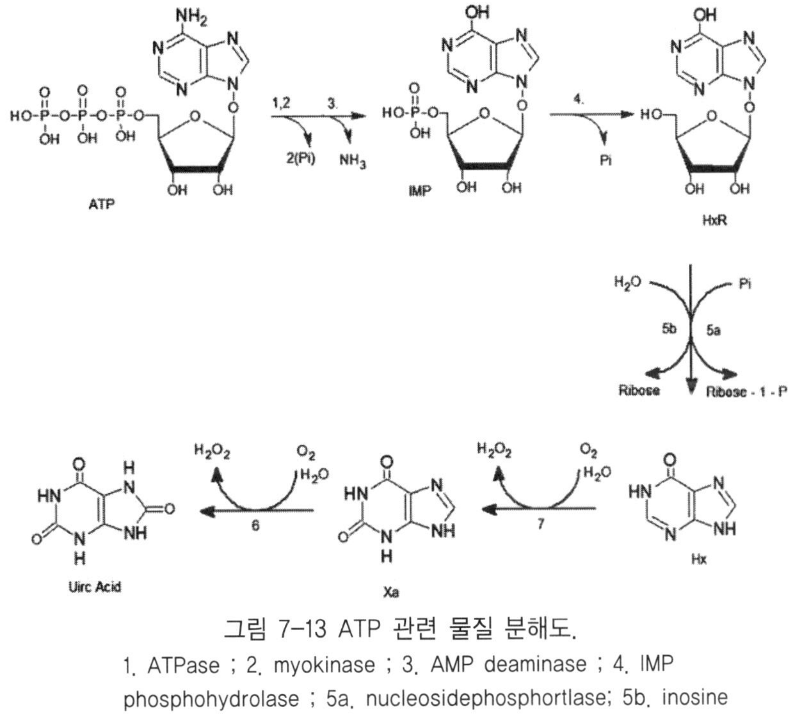

그림 7-13 ATP 관련 물질 분해도.

1. ATPase ; 2. myokinase ; 3. AMP deaminase ; 4. IMP phosphohydrolase ; 5a. nucleosidephosphortlase; 5b. inosine nucleosidase ; 6,7. xanthine oxidase

ATP분해 산물 중 IMP는 정미성분을 띄고 있고 선도가 좋은 수산물에 많이 존재한다. 그러나 이러한 핵산관련물질은 수산물의 조직감에 직접적인 관련성은 없다. 살균한 대구와 비살균한 대구를 시료로 자가소화 중 ATP분해산물의 함량을 비교한 결과 비살균 시료가 약 2일 정도 빨리 inosine에서 Hx로 분해되었다. 이는 세균 유래의 nucleoside phosphorylase 때문으로 여겨진다(그림 7-14, 7-15).

표 7-3 수산생물의 ATP 분해 경로 (μ mole/g 근육, wet wt)

	ATP	ADP	AMP	IMP	Hx	Hx	Total
오징어	7.48	1.53	0.55	0	0	0.01	9.57
	8.28	1.52	0.50	0	0	0.01	10.31
문어	4.00	1.02	0.20	0	0	0	5.22
가리비	6.02	0.87	0.59	0	0	0	7.48
	6.40	1.20	0.60	0	0	0	8.20
동죽	3.98	0.50	0.33	0	0	0	4.81
	4.76	0.50	0.52	0	0	0	5.78
피조개	4.86	1.05	0.75	0	0	0	6.66
	3.33	0.88	0.51	0	0	0	4.72
전복	3.48	0.59	0.20	0	0	0	4.27
	3.10	0.50	0.25	0	0	0	3.85
게	5.87	1.75	0.29	0	0	0	7.91
	4.70	1.06	0.21	0	0	0	5.97
갯가재	3.84	1.24	0.94	0.50	0.46	0	6.98
참새우	6.61	2.09	0.94	0	0	0	9.64
	6.93	1.38	0.54	0	0	0	8.85
잉어	4.68	0.95	0.04	0	0	0	5.67
송어	5.84	1.06	0.54	0.22	0	0	7.66

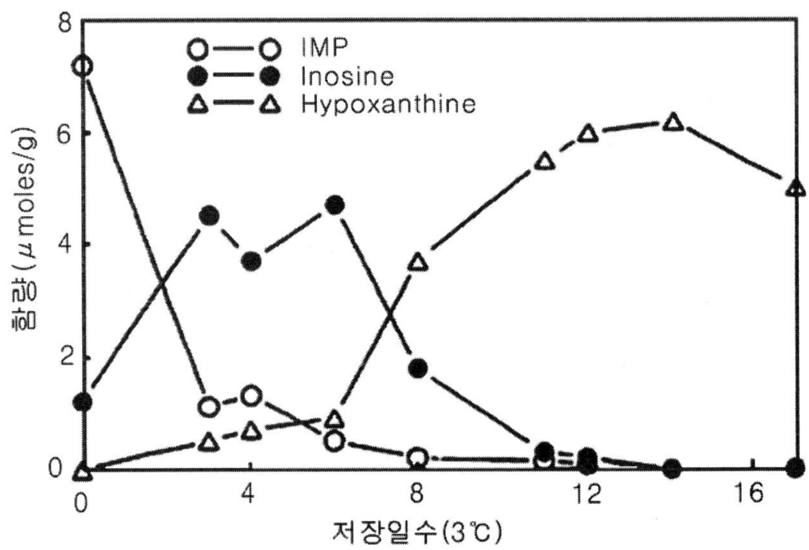

그림 7-14 살균한 대구 필렛의 IMP, HxR, Hx의 변화

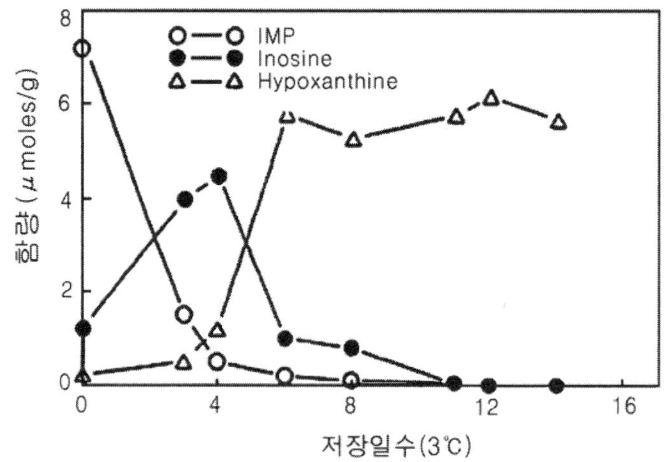

그림 7-15 비살균한 대구 필렛의 IMP, HxR, Hx의 변화

K값은 수산물 선도 측정법의 하나이지만, ATP분해 효소의 함량과 활성은 종마다 다르다. 따라서 K값은 어종 마다 다르다. 대구 등 몇몇 어종의 경우는 선도가 좋음에도 K값이 높은 값을 나타낸다. 따라서 K값을 모든 어종의 선도 판정에 동일하게 적용할 수는 없다. 저장 온도에 따른 K값의 변화는 그림 7-16과 같다. 온도가 높을 수 록 K값이 빨리 증가한다. 그러나 반응 경로가 동일하지 않고, 반응 속도도 시간에 따라 달라진다.

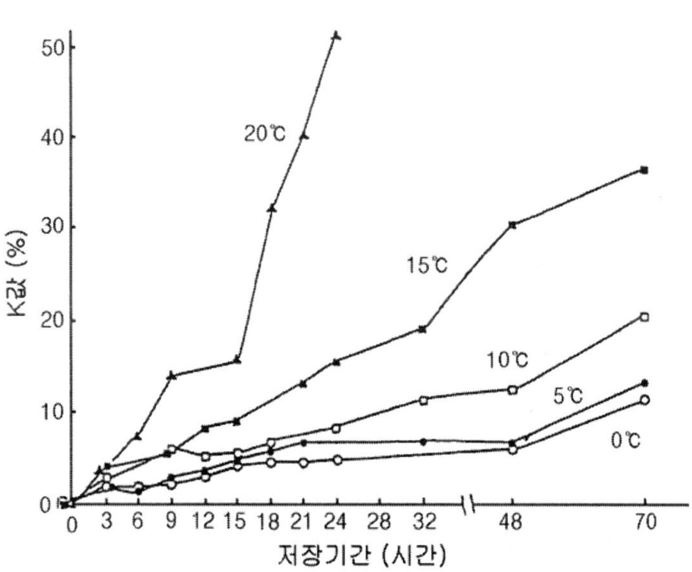

그림. 7-16 가자미 저장 온도에 따른 K값의 변화

수산물의 종에 따른 K값의 변화는 그림 7-17과 같다. 종에 따라 K값의 차이가 매우 남을 알 수 있다. 이유는 아직 밝혀지지 않았으나 생화학적 반응 조건과 관련 효소의 활성 차이 때문으로 여겨진다.

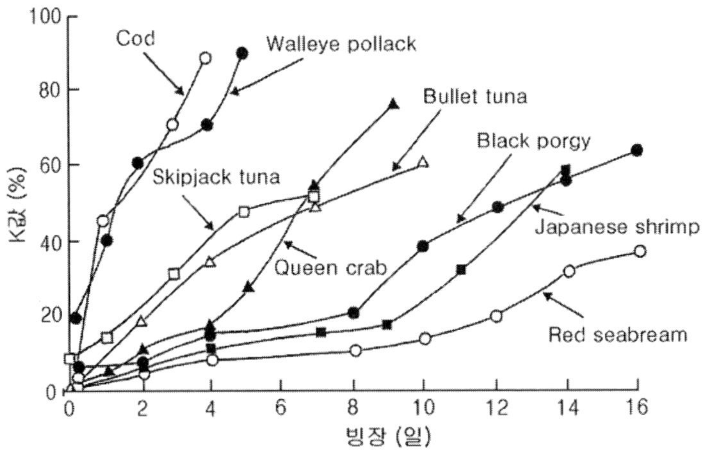

그림 7-17 수산물 종류별 저장 중 K값의 변화

가자미를 0℃에서 20℃까지 다양한 온도에서 저장하면서 경직도를 조사한 결과 5 ~ 15℃까지의 온도에서 경직이 늦었고, 0℃ ~ 20℃에서 경직이 빨랐다. 이는 cold shortening현상 때문이다(그림 7-18).

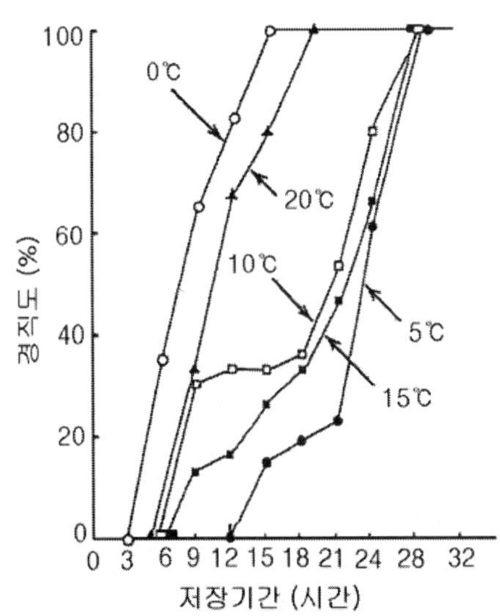

그림 7-18 저장 온도에 따른 가자미 근육의 경직도 변화

저온에서 경직이 빠른 것은 근소포체와 미토콘드리아에서 Ca^{2+}의 누출과 근육의 pH 저하 때문이다. 가리비 근육의 경우 pH가 6.5이하고, K값이 20%이상일 때 경직이 일어난다(그림 7-19).

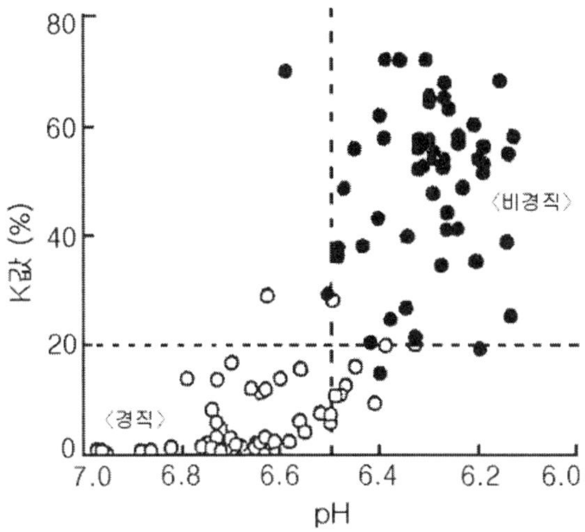

그림 7-19 가리비 근육의 pH, K값과 경직의 관계

나. 자가 효소

자가 효소 중 protease에 의한 단백질의 분해는 근육조직의 연화와 밀접한 관련이 있다. 가장 현저한 현상은 청어와 같은 적색육어의 복부 파열이다. 단백질 분해로 생성된 펩타이드와 유리아미노산은 상품가치를 저하시킬 뿐 아니라 부패를 촉진한다. 자가소화로 인해 생성된 단백 분해산물은 세균 증식을 촉진시키고, 생성된 세균에 의해 아미노산이 탈아민화되어 biogenic amine이 생성되고, 영양 가치가 저하된다.

1) Cathepsins

여러 단백 분해 효소 중 cathepsin이 가장 중요하다. Cathepsin은 산성 단백질 분해 효소로 lysozome에 존재한다. Cathepsin은 사후에 동결과 해동 과정에서 유출되거나 또는 취급 부주의로 인한 물리적 충격에 의해 체액으로 유출된다. Cathepsin 중 D와 L이 어류 조직의 자가소화에 가장 중요하다. Cathepsins D는 pH 3 ~ 8에서 활성을 나타내며 최적 pH는 4.0이다. 그러나 이 효소는 소금에 의해 활성이 저해되므로 5%이상 소금이 존재하면 거의 활성을 나타내지 못한다(그림 7-20).

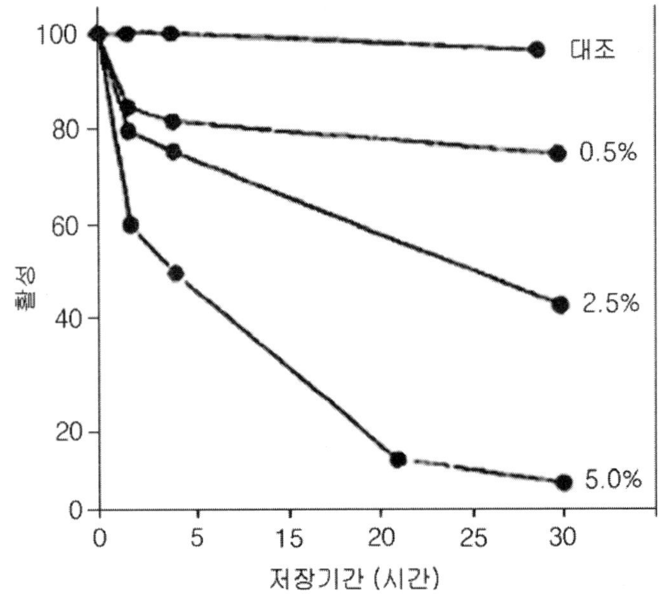

그림 7-20 소금이 cathepsine D의 활성에 미치는 영향

Cathepsine L은 산란을 위해 이동하는 연어 근육의 연화에 밀접하게 관여한다. Cathepsine L은 중성 pH에서 활성이 높고, 근원섬유와 connective tissue 모두 분해하므로 cathepsin D보다 단백질의 자가소화에 더 밀접한 관련이 있다. Cathepsin L은 넙치 근육을 젤리처럼 연화시키고, 오징어 젓갈과 같은 수산 발효 제품의 발효에도 관여한다.

2) Calpains

Calpain은 어류 및 갑각류의 자가 소화에 관여한다. Calpains는 endopeptidase이며 cysteine과 calcium이 필요하다. μ-calpain은 5 ~ 50μM Ca^{2+}이 필요하고, m-calpain은 150 ~ 1000μM Ca^{2+}이 필요하다. 또한 대부분의 calpain은 생리적 pH에서 활성을 나타내며 저온 저장 중 어류 근육의 연화에 관여할 것으로 여겨진다.

갑각류의 calpain은 근육 조직의 조직감 변화를 일으키며, 근원섬유 단백질을 비특이적으로 분해하여 연화시킨다. 어류 calpain의 경우는 myosin에 작용하여 약 150,000 Da 조각으로 분해한다. 또한 저온에서도 활성이 있어 차가운 바다에서 자라는 어류에 활성이 높다.

3) Collagenase

어류의 연결조직인 collagen을 분해하는 효소로 저온 저장 대구의 gaping 현상의 중요 원인으로 여겨진다. 또한 저온 새우의 짧은 유통기한도 collagenase와 밀접한 관련이 있다.

다. 냉동 저장 중 자가 소화에 의한 성분 변화

경골어류의 삼투압 조절 물질인 TMAO는 세균 작용에 의해 TMA로 환원된다. 그러나 몇몇 어종에 있어서는 TMAO를 DMA(dimethylamine)와 FA(formaldehyde)로 분해하는 효소를 함유하고 있다.

$$(CH_3)_3NO \rightarrow (CH_3)_2NH + HCHO$$

TMAO DMA FA

FA는 단백질의 cross linking을 일으키는 작용이 있어 단백질의 보수력을 저하시킨다. 이러한 formaldehyde induced toughening에 관여하는 효소를 TMAO demethylase(TMAO-ase)라고 하며 대구과에서 주로 발견된다. TMAO demethylase는 콩팥, 비장, 담낭에 많이 존재한다. 따라서 어육을 마쇄할 경우는 이들 장기를 제거하는 것이 중요하나 완전 제거하기는 어렵다.

민대구의 경우 냉동 저장 중 근육이 질겨지는 현상은 근육내의 FA 함량과 밀접한 관련이 있다. FA에 의한 단백질의 변성을 억제하는 가장 실질적인 방법은 -30℃이하로 저장 하는 것이다.

저온 저장 중 어육의 자가소화에 의한 성분 변화는 표 7-4와 같다.

표 7-4 빙장 어류의 자가 소화 변화

효소	기질	변화	방지법
해당효소	글리코겐	lactic acid 생성과 pH저하	강직전 취급 주의
핵산관련 물질 분해	ATP, ADP, AMP, IMP	신선한 어류 맛 저하, Hx 축척	강직전 취급 주의
cathepsins	단백질, 펩티드	조직 연화로 인한 가공 부적합	부주의한 취급 주의
chymotrypsin, trypsin, carboxy-peptidases	단백질, 펩티드	자가소화로 인한 복부 파열	동결, 해동 반복과 장기간 저온 저장 기피
calpain	근원섬유 단백질	갑각류 연화	칼슘제거
collagenases	조직연결 단백질	필렛의 gaping, 조직연화	저온 저장 온도와 기간 조절
TMAO demethylase	TMAO	포름알데하이드 생성	-30℃이하 저장, 외부 충격과 동결/해동 반복 주의

3 부패

가. 부패 미생물

어패류는 사후경직을 거쳐 해경이 된다. 자가 효소 작용으로 인해 저분자로 분해되고 동시에 외부의 미생물의 작용에 의해 급속히 분해되고 불쾌한 냄새와 맛을 띄게 된다. 이러한 현상을 부패라고 한다.

어패류의 표피, 아가미, 내장에는 미생물이 다량 함유되어 있다. 표피에는 10^2 ~ 10^7cfu/㎠ 함유되어 있고, 아가미와 내장에는 10^3 ~ 10^9cfu/㎠ 함유되어 있다. 어류에 미생물의 오염 정도는 어종보다 어획된 환경에 따라 달라진다. 차고, 깨끗한 지역에서 어획한 어류가 따뜻한 지역에서 어획한 어류에 비하여 미생물 수가 적다.

어류에서 자주 검출되는 미생물은 *Psedomonas, Alcaligenes, Vibrio, Serratia*와 *Micrococcus*이다. 미생물의 증식은 어류의 부패와 나쁜 냄새를 내는 biogenic amine, 유기산, 황화물, 알콜, 알데히드, 케톤 생성의 원인이 된다.

상온에서의 어류의 부패는 *Vibrionaceae*와 같은 그람음성 발효균에 의해 발생하고, 저온 저장한 어류의 부패는 *Psedomonas, Shewanella*와 같은 psychrotolerant 그람 음성균에 의해 발생한다. 표 7-5는 미생물에 의해 부패과정 중 생성되는 화합물을 나타내었다.

표 7-5 어류에서 검출되는 대표적 세균 종류

부패세균	부패화합물
Shewanella putrifaciens	TMA, H_2S, CH_3SH, $(CH_3)_2S$, Hx
Photobacterium phosphoreum	TMA, Hx
Pseudomonas spp.	Ketones, aldehydes, esters, non-H2S sulphides
Vibrionacaea	TMA, H_2S
Aerobic spoilers	NH_3, acetic, butyric and propionic acid

TMA: Trimethylamine　　H_2S: Hydrogen sulphide
CH_3SH: Methylmercarptan　　$(CH_3)_2S$: Dimethylsulphide
Hx : Hypoxanthine　　NH_3: Ammonia

TMAO는 어류의 삼투압을 조절하는 물질인 데 *Shewanella putrifaciens, Aeromonas spp., psychrotolerant Enterobacteriacceae, P. phosphoreum* , *Vibrio spp*는 TMAO를 TMA로 환원하여 에너지를 얻는다. 환원되어 생성된 TMA는 생선 비린내의 주요 원인 물질이다. 표 7-6은 주요 부패균을 부패 활성에 따라 분류하여 나타내었다.

Pseudomonas putrifaciens, fluorescent pseudomonads 등이 부패 초기에 급격히 증가하여 많은 단백 분해 효소 및 가수분해 효소를 생산한다.

표 7-6 주요 부패세균들

부패활성	미생물
높음	*Pseudomonas (Alteronomas) putrifaciens* *Pseudomonas (altreomonas) fluorescens* *Fluorescent pseudomonads*
보통	*Moraxella, Acinetobacter and Alcaligenes*
낮음	*Aerobacter, Lactobacillus, Flavobacterium, Micrococcus, Bacillus and Staphylococcus*

어패류는 일반적으로 축육에 비하여 조직이 연하고, 수분이 많아 미생물에 쉽게 오염된다. 따라서 어획 후 취급에 주의를 요한다. 미생물이 증식되면 근육이 분해되어 다양한 품질 변화가 발생한다. **그림 7-21**은 즉살한 넙치 근육의 빙장 기간 동안 성분 변화를 나타낸 것이다.

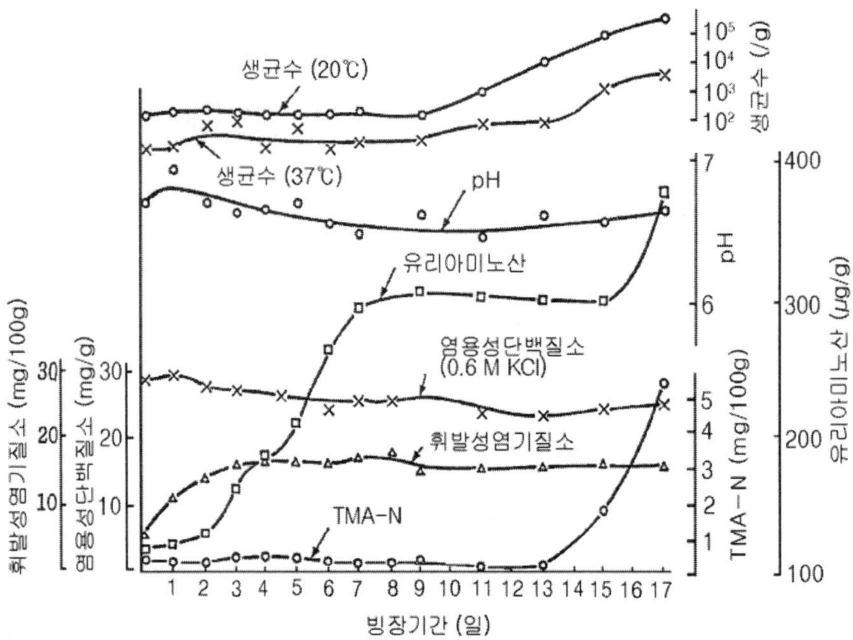

그림 7-21 넙치 빙장 중 성분 변화

넙치의 경우 백색육어로 pH의 변화는 적으나 휘발성 염기 질소는 저장 중 증가하여 3일째에 최대값에 이른다. 반면에 유리 아미노산은 8일까지 계속 증가한다.

나. 아미노산의 분해

(1) 탈탄산 반응

아미노산으로부터 carboxyl기가 분리되어 아민류와 이산화탄소가 생성된다.

$$R \cdot CH \cdot NH_2 \cdot COOH \rightarrow R \cdot CH \cdot NH_2 + CO_2$$

이 반응을 통하여 lysine에서 cadaverine이, ornithine에서 putrescine이, arginine에서 spermidine과 spermine이, histidine에서 histamine이, 그리고 tyrosine에서 tyramine이 생성된다(그림 7-22). 이들 고등어, 꽁치, 참치, 정어리 등에 많이 검출되는 biogenic amine은 식중독, 서맥, 혈압상승 등 다양한 부작용을 나타내므로 유의하여야 한다. 특히 histamine은 고등어과 어류의 중요 식중독 원인 물질이다.

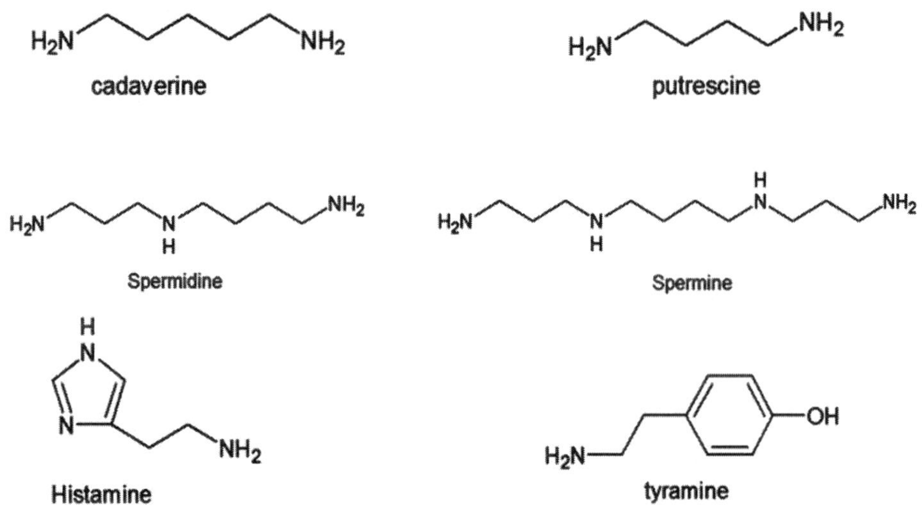

그림 7-22 수산 식품의 주요 biogenic amine

(2)탈아미노반응(deamination)

아미노산에서 아미노기가 이탈하는 반응으로, 다음 4가지 형식이 있다.

① 산화적탈아미노반응 :

$$R \cdot CH \cdot NH_2 \cdot COOH + 1/2\ O_2 \rightarrow R \cdot CO \cdot COOH + NH_3$$

아미노산 keto acid 암모니아

$$R \cdot CO \cdot COOH + H_2 \rightarrow R \cdot CH \cdot OH \cdot COOH$$

keto acid hydroxy acid

$$R \cdot CO \cdot COOH \rightarrow R \cdot CHO + CO_2$$

keto acid 알데히드

② 환원적 탈아미노반응 :

$$R \cdot CH \cdot NH_2 \cdot COOH + H_2 \rightarrow R \cdot CH_2COOH + NH_3$$

아미노산 　　　　　　　포화지방산　　암모니아

③ 직접적인 탈아미노반응 :

$$R \cdot CH_2 \cdot CH \cdot NH_2 \cdot COOH \rightarrow R \cdot CH{=}CH \cdot COOH + NH_3$$

아미노산 　　　　　　　불포화지방산　　암모니아

④ Stickland 반응 :

$$R_1 \cdot CH \cdot NH_2 \cdot COOH + R_2 \cdot CH \cdot NH_2 \cdot COOH \rightarrow$$

$$R_1 \cdot CO \cdot COOH + R_2 \cdot CH_2COOH + 2NH_3$$

혐기성세균인 *Clostridium* 속의 균에 의해 glycine 2분자와 alanine 1분자간의 반응을 통해 초산과 암모니아 생성

$$2NH_2 \cdot CH_2 \cdot COOH + CH_2 \cdot CH \cdot NH \cdot COO \rightarrow 3CH_3COOH + 3NH_3 + CO_2$$

glycine　　　alanine　　　초산　　암모니아

(3) 함황 아미노산의 분해

함황 아미노산인이 *Shewanella putrefaciens*와 *Vibrionaceae*에 의해 분해된다. Cysteine은 황화수소(H_2S)로, methionine은 methyl mercaptan(CH_3SH), dimethyl sulfide($(CH_3)_2S$)을 생성한다. 휘발성 함황화합물은 자극적인 냄새를 내며 ppb 단위에서도 감지되어 극소량이 함유되어도 품질이 저하된다.

(4) Tryptophan의 분해

Pseudomonas, *Vibrio*, 대장균 등의 tryptophanase의 작용에 의해서 indole을 생성한다.

다. Trimethylamine oxide (TMAO)의 환원

어패류의 사후변화에 있어서 육중에 함유되는 TMAO는 *Altermonas*, *Flavobacterium* 등의 TMAO 환원 효소에 의해 환원되어 trimethylamine (TMA)을 생성한다. TMA는 암모니아와 더불어 비린내의 주요성분의 하나이다.

$$\underset{\text{TMAO}}{(CH_3)_3NO} \rightarrow \underset{\text{TMA}}{(CH_3)_3N}$$

라. 요소(urea)의 분해

상어, 가오리 등의 판새류는 육중에 다량의 요소를 축적하는데, 사후에 세균의 urease에 의해서 urea가 암모니아와 탄산가스로 분해되어 강한 암모니아 냄새를 나타낸다.

$$\underset{\text{요소}}{(NH_2)_2CO} \rightarrow \underset{\text{암모니아}}{2NH_3} + CO_2$$

마. 지질의 산화

지질이 수산물의 품질에 영향을 끼치는 것은 산패때문이다. 산패는 지질이 자동산화 또는 가수분해에 의해 나쁜 풍미를 내는 현상이다. 이러한 지질의 산패는 빛, 산소, 가열, 금속 등에 의해 촉진된다.

또한 저장 중 지질이 가수 분해되어 유지 지방산이 증가된다. 가수분해는 내장을 제거하면 줄어드는데 이는 내장 속의 효소 때문으로 여겨지고 있다. Triacylglyceride는 소화기에서 유래된 triglyceride lipase 또는 미생물 효소에 의해 diglyceride와 유리 지방산으로 분해된다.

4 수산물의 선도 측정

가. Conway 미량확산법에 의한 VBN 및 TMA의 측정

VBN은 암모니아, TMA(trimethylamine), DMA(dimethylamine)와 같이 휘발성 염기물질을 총칭하는 말이다. 측정방법은 주로 Conway unit를 사용하여 확산법으로 측정한다.

Conway unit의 외실에 시료액과 K_2CO_3를 첨가해 알칼리성으로 한 후 시료 속의 염기를 휘발시킨다. Unit는 밀폐되어 있으므로 휘발된 염기는 unit 내실액에 흡수된다. 내실에는 지시약이 첨가된 붕산 혼합액이 함유되어 있다. 붕산 혼합액은 휘발성 염기를 흡수하면 pH가 변화되어 변색된다. 일정온도에서 일정시간 흡수시킨 후 산 표준용액으로 붕산혼합액을 적정한다. 또한, 시료액에 K_2CO_3를 첨가하기 전에 포르말린을 첨가하면 시료 중의 암모니아는 hexamethylenetetramine으로 변화되므로 TMA만을 측정할 수 있다.

나. K값

어육에 함유되어 있는 ATP관련화합물은 어종에 관계없이 약 5 ~ 10μmole/g이다. 이들 분해산물의 정량적 변화는 어육의 선도저하와 잘 일치하는 것으로 알려져 있다. 어육의 사후 육중에서 ATP로 부터 ADP → AMP → IMP → HxR → Hx과 같이 분해되므로 분해산물 중에 차지하는 HxR과 Hx량을 백분율(K값)로 나타내면 육의 선도는 다음과 같이 나타 낼 수 있다.

$$K(\%) = \frac{HxR + Hx}{ATP + ADP + AMP + IMP + HxR + Hx}$$

신선한 어육의 선도 변화단계를 사후경직, 해경, 자가소화, 세균부패 단계로 구분할 때 K값은 자가소화 단계 즉 신선한 어육의 선도 측정에 적합하다. K값은 선도가 좋을수록 측정값이 낮으므로 신선한 어류의 경우에는 20%미만이다. 원료의 선도와 제품 품질과의 관계는 연어, 송어, 가다랑어, 고등어, 정어리 통조림의 경우 원료용으로 빙장된 정어리의 K값이 높을 수록 최종 제품의 K값이 높아지는 경향을 나타낸다.

어육을 빙장할 때에 나타나는 K값의 상승 속도는 꼭 일정하지 않고, 어종에 따라 다르다. 그 원인은 IMP의 분해속도 차이 때문인 것으로 지적되고 있다.

어육의 품질연화가 더욱 진행되어 초기 부패가 진행되면, 육 중의 트리메칠아민옥사이드[$(CH_3)_3NO$]로부터 생성된 트리메칠아민[$(CH_3)_3N$, TMA-N]량이 현저히 증가한다. 빙장 중에 어육의 TMA-N의 증가 속도는, 어종 간에 있어 K

값만큼의 큰 차이를 나타내지 않는다.

어획 후 육의 pH가 현저히 저하하는 어종에는 K값과 관계없이 단백질의 변성이 일어난다. pH 저하가 잘 일어나지 않는 가자미와 pH 저하가 쉽게 일어나는 정어리를 비교하면, 가자미는 K값이 높은 선도가 떨어진 상태에도 불구하고 단백질 변성이 극히 적다. 반면에 정어리는 K값이 낮아 선도가 좋음에도 불구하고 중요 단백질의 대부분이 변성된다.

K값의 측정 방법의 하나로 HPLC방법은 다음과 같다. 시료에 과염소산용액을 추출한 후 수산화칼륨 용액으로 pH 6.5로 조절한 후 HPLC로 분석한다. Column은 μ-Bondapak C_{18}(3.9mm i.d. x 30.0cm), Mobile phase : 1% triethylamine phosphoric acid(pH6.5)로 254nm에서 측정한다.

참고문헌

박희열 : 수산가공학, 수학사(1998)

山田英明 外 1人 : 水産物の利用, 成山堂書店, 東京(1999)

阿部宏喜 外 1人 : 魚の科學, 朝倉書店, 東京(1994)

鴻巣章二 外 1人 : 水産利用化學, 恒星社厚生閣, 東京(1992)

坂口守彦 : 魚介類のエキス成分, 恒星社厚生閣, 東京(1988)

池田靜德 : 魚介類の薇量成分, 恒星社厚生閣, 東京(1981)

野中順三九 : 水産利用科學, 恒星社厚生閣, 東京(1987)

渡變悅生 : 魚介類の鮮度と加工·貯藏, 成山堂書店, 東京(1995)

順山三千三 外 3人 : 水産食品學, 恒星社厚生閣, 東京(1978)

渡變悅生 : 魚介類の鮮度判別と品質保持, 恒星社厚生閣, 東京(1995)

太田靜行 : 水産物の鮮度保持, 波書店, 東京(1990)

金東勳 : 食品化學概論, 修學社(2006)

李應昊 : 水産加工學, 先進文化社(1996)

金東勳 : 食用油脂의 酸敗, 高麗大學校 出版部(1994)

朴榮浩, 張東錫, 金善奉: 水産加工利用學, 榮雪出版社(1995)

卞在亨, 錢重均 : 水産利用化學, 修學社(1994)

Noboru kato 외 4인 : J. of the School of Marine Science and Technology, Tokai University, Vol. 7. No. 2, 87-99(2009)

http://www.랩.org/fishery/topic/12320/en

제 8 장 해조 화학

1 해조의 일반성분 및 계절적 변화

가. 해조의 일반성분

해조의 일반성분은 종, 성숙도, 계절, 환경 등에 따라 달라진다. 해조는 육상 야채와 유사하게 수분 함량이 80 ~ 90%이며 건조 후에는 10 ~ 20%로 감소한다. 몇몇 식용 해조의 일반성분은 표 8-1과 같다. 조단백질 8 ~ 39%, 탄수화물 38 ~ 74%, 지질 0.1 ~ 5.9%, 회분 6.9 ~ 30%로 탄수화물 함량이 높다. 그러나 김의 경우는 특이하게 단백질의 함량이 약 40% 정도로 매우 높다. 해조류의 탄수화물에는 비섬유소 함량이 섬유소보다 매우 높다. 이는 해조 중에는 수용성 점질 다당류가 많이 함유되어 있기 때문이다.

표 8-1 식용 마른 해조의 화학조성 (%)

해조명	수분	단백질	지질	탄수화물		회분
				비섬유소	섬유소	
녹조류						
Enteromorpha spp	7.3	18.1	0.3	53.9	6.3	14.1
Monostoroma spp	16.9	16.6	1.0	47.5	5.6	12.4
Ulva spp.	15.2	22.1	0.6	39.1	4.3	18.7
갈조류						
Laminaria japonica	9.5	8.2	1.2	58.2	3.3	19.6
Eisenia bicyclis	9.7	8.0	0.1	54.1	10.4	17.7
Analipus japonica	10.2	21.2	4.9	44.1	6.0	13.6
Undaria pinnatifida	13.0	15.0	3.2	35.3	2.7	30.8
Hizikia fusiforme	13.6	10.6	1.3	47.0	9.2	18.3
홍조류						
Porphyra spp	11.1	38.8	1.9	39.5	1.8	6.9
Gracilaria spp.	16.5	9.0	0.1	55.8	8.3	10.3

국내 연안에서 생산되고 있는 미역, 다시마, 톳, 파래, 우뭇가사리, 꼬시래기 중에 함유되어 있는 식이섬유의 함량은 표 8-2와 같다. 총 식이섬유는 다시마가 50.7%로 가장 많으며 다음으로 우뭇가사리 48.8%, 미역 47.2%, 꼬시래기 44.5%, 톳 42.6%, 파래 40.0% 순이다. 가용성 식이섬유는 미역, 다시마, 우뭇가사리, 톳, 꼬시래기, 파래 순으로 많이 함유되어 있으며 총 식이섬유에 수용성 식이섬유가 차지하는 비율은 미역이 73.9%로 가장 높고, 나머지는 64 ~ 68%이다.

표 8-2 국내산 해조류의 식이성분 함량

해조류	식이섬유(%)		
	총	수용성	불용성
미역	47.2	34.9(73.9)	12.3(26.1)
다시마	50.7	32.8(64.7)	17.9(35.3)
톳	42.6	29.2(68.5)	13.4(31.5)
파래	40.0	26.5(66.3)	13.5(33.8)
우뭇가사리	48.8	32.6(66.8)	16.2(33.2)
꼬시래기	44.5	28.7(64.5)	15.8(35.5)

( ) 비율

나. 계절에 따른 성분 변화

해조류의 구성 성분은 계절에 따라 차이가 많이 난다. 건조한 다시마의 만니톨, 라미나란의 계절적 함량 변화는 그림 8-1과 같다. 당알콜인 만니톨은 1 ~ 4월에 약 5%에서 6월에 32.1%로 증가한 후 서서히 감소하여 12월에 15%로 감소하고, 저장 다당인 라미나란은 5월까진 함량이 매우 낮으며 6월부터 증가하기 시작하여 7월에 24.6%로 최대값을 나타낸 후 서서히 감소한다. 만니톨과 라미나란 모두 6 ~ 8월 사이에 가장 함량이 높았다.

건조 다시마의 무기질의 함량 변화는 표 8-3과 같다. 7월에 13.8%에서 3월에 34.8%로 계절에 따른 변화가 매우 크다.

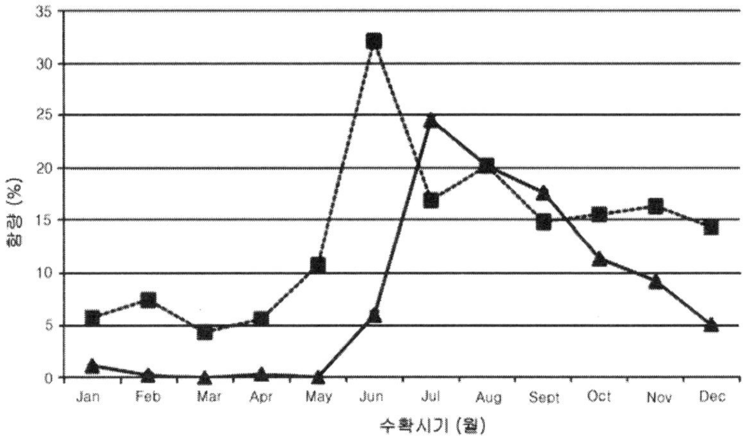

그림 8-1 다시마 만니톨 및 라미나란의 계절적 함량 변화(건물기준)
(실선, 라미나란, 점선; 만니톨)

표 8-3 마른 다시마의 계절에 따른 회분 함량 변화

월	함량(%)	
	수분	회분
1	5.2	27.7
2	5.2	29.5
3	5.2	34.8
4	5.2	32.4
5	4.8	33.2
6	3.4	22.5
7	4.8	13.8
8	4.9	16.5
9	5.3	19.0
10	4.6	21.1
11	5.0	22.4
12	6.1	23.7

마른 다시마의 주요 무기질은 K, Na, Ca, Mg이다(표 8-4). 그 외에 Fe, Zn and Al 등이 함유되어 있다. 이들 무기질은 연초와 연말에 가장 함량이 높았고 7월 부근에 가장 낮았다. 특히 Ca과 Zn은 6월에 가장 낮았고, 10개 무기질(Al, Ba, Cd, Cr, Fe, K, Mg, Mn, Na, Sr) 의 합계량은 7월에 가장 낮았고, Cu와 Ni은 8월에 가장 적었다(**그림** 8-2).

표 8-4 마른 다시마 무기질의 계절적 함량 변화

월	금속함량(ppm)														
	Al	Ba	Ca	Cd	Cr	Cu	Fe	K	Mg	Mn	Na	Ni	Pb	Sr	Zn
1	94	12.6	12,761	2.6	1.9	4.2	112	50,913	8475	4.9	38,899	1.2	0.0	1079	85
2	73	12.8	12,692	2.2	2.9	5.8	150	58,723	9214	4.3	45,952	0.7	0.0	1105	76
3	92	12.2	11,803	2.2	3.0	5.2	203	74,292	9476	6.5	52,459	1.0	0.0	1121	74
4	71	12.7	12,980	1.5	2.0	5.5	157	72,153	8611	7.7	42,108	0.7	0.0	1172	75
5	86	9.4	10,295	1.7	1.2	4.7	124	81,442	8015	5.0	42,468	0.7	0.0	966	81
6	53	7.0	8361	1.7	0.7	3.1	90	43,147	6832	3.9	33,977	0.5	0.0	670	30
7	13	6.5	8510	1.4	0.5	3.6	35	18,993	6373	2.6	23,308	0.5	0.0	632	51
8	64	7.0	8709	2.5	2.7	3.0	112	22,835	6373	4.2	29,767	0.2	3.5	643	55
9	31	7.2	9629	1.7	0.7	4.0	63	29,343	6797	3.5	31,458	0.7	0.0	697	115
10	35	10.3	11,971	2.2	0.5	4.4	79	36,805	7430	3.9	31,388	0.7	0.0	883	92
11	71	10.0	10,206	3.1	0.5	5.3	112	41,746	6990	4.1	30,813	0.5	0.0	855	57
12	44	11.6	11,213	2.8	0.9	5.5	97	43,791	7258	3.8	33,934	0.7	0.0	996	69

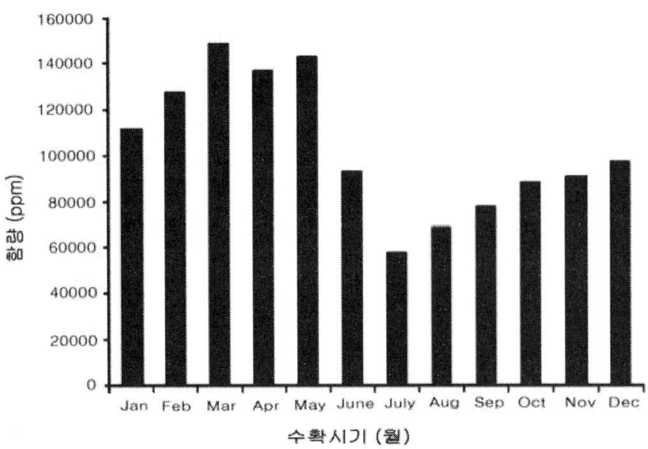

그림 8-2 알칼리 금속(Ba,Ca,K,Mg,Na,Sr)의 계절적 변화

2 탄수화물

대부분의 해조류에는 탄수화물이 가장 많이 함유되어 있다. 탄수화물중 가장 함량이 높은 것은 다당류이다. 해조 다당은 육상 식물 유래 다당과 매우 다른 이화학적 특성을 가지고있어 다양한 식품, 의약품의 첨가물로 이용되고 있다.

해조 다당은 크게 구조 다당(structural polysaccharides), 세포간 점질 다당(intercellular mucilage), 저장 다당(storage polysaccharide)으로 구분된다. 세포간 점질 다당과 저장 다당에 관한 연구는 많이 되어 있으나 구조 다당에 관한 자료는 적다.

가. 알긴산염(alginate)

알긴산(alginic acid)이라는 이름은 해조류(algae)에서 분리한 산성기를 가진 물질이라는 뜻에서 유래되었다. 알긴산에 Na, Ca 등의 금속 이온이 결합된 염이 알긴산염이다. 알긴산은 카복실기(carboxyl group)를 다량 함유하고 있는데, 카복실기에 해수내의 Ca, Na, K이 반응하여 알긴산 염의 형태로 존재한다. 알긴산염은 결합한 금속의 종류에 따라 부드러운 젤리상 등 다양한 물성을 나타낸다. 알긴산염의 독특한 물성 때문에 갈조류는 항시 움직이는 해수의 흐름 속에서도 서식할 수 있다. 알긴산염은 다시마, 미역 등의 모든 갈조류에 함유되어 있는 세포간 점질성 다당류로 건조 조체의 30 ~ 60%를 차지하고 있다. 알긴산은 갈조류 뿐 아니라 여러 다양한 미생물에서도 발견되고 있다.

1) 알긴산의 계절적 변동

알긴산 추출 원료로 사용되는 해조는 칠레의 *Lessonia*, 미국 서해안의 *Macrocystis*, 남아프리카의 *Ecklonia*, 호주의 *Durvillaea*, 북미의 *Ascophyllum*, *Laminaria hypreborea, Laminaria digita* 등이 있다. 중국은 산동성 및 요령성 연안의 대규모 다시마 양식장에서 생산한 다시마를 이용하여 알긴산을 생산하고 있다.

알긴산의 함량은 해조의 부위 및 계절에 따라 달라진다(그림 8-3). *Sagassum*의 잎, 줄기, 엽상체의 알긴산 함량은 2월에 가장 높고, 4월에 가장 낮다. 잎에는 27.48% ~ 39.8%, 줄기에는 23.04% ~ 36.12%, 엽상체에서는 17.12% ~ 27.64%이다.

알긴산의 점도는 잎, 줄기, 엽상체 모두 2월에 최대 값을 나타내고, 4월에 최소값을 나타내었다. 줄기는 70.8 ~ 83.2 mPa, 잎에는 66.8 ~ 78.5 mPa, 엽상체에서는 62.4 to 73.0 mPa이다(그림 8-4). 따라서 계절에 따라 알긴산 함량뿐 아니라 알긴의 점성도 달라짐을 알 수 있다.

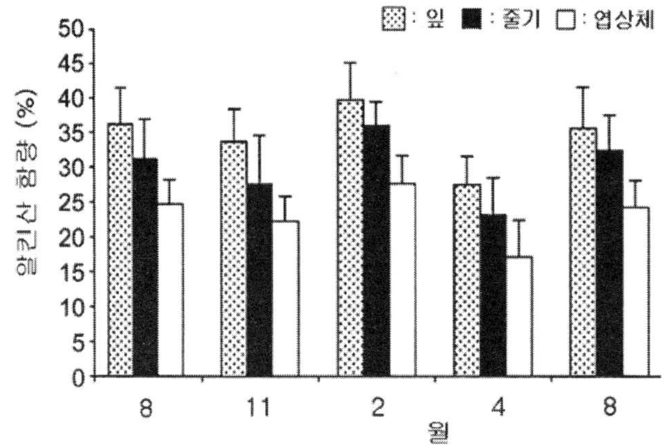

그림 8-3 Sagassum의 계절별, 부위별 알긴산 함량 변화

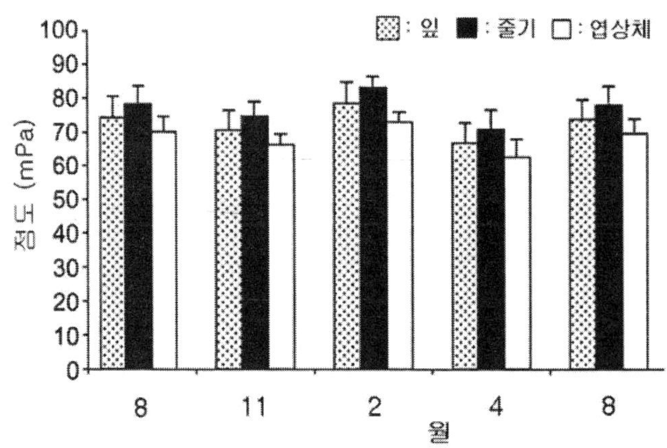

그림 8-4 Sagassum의 계절별, 부위별 알긴산 점도변화

2) 알긴산의 특성

가) 알긴산의 구조

알긴산은 만누로닉산(β-D-mannuronic acid, M)과 굴루로닉산(α-L-guluronic acid, G)으로 이루어진 직쇄상의 산성 다당이다. 알긴산은 만누로닉산으로 이루어진 M 블록, 굴루로닉산으로 이루어진 G 블록, 만누로닉산과 굴루로닉산이 교대로 연결된 MG 블록의 형태로 존재한다. 만누로닉산의 구조는 C1 형태(conformation)이고, 굴루로닉산의 구조는 1C 형태이다. 그리고 이들 우론산은 1,4 결합한다. 따라서 M 블록의 경우 1, 4 결합 위치의 -OH기가 수평(equatorial)으로 결합되어 있는 반면에 G 블록의 경우는 1, 4 결합 위치의 OH

기가 수직(axial)으로 결합되어 있다. 이러한 우론산의 구조와 결합 형식으로 인하여 G 블록은 접힌 형태로 그리고 M 블록은 펼쳐진 리본 형태로 서로 확연히 다른 구조를 나타낸다(그림 8-5).

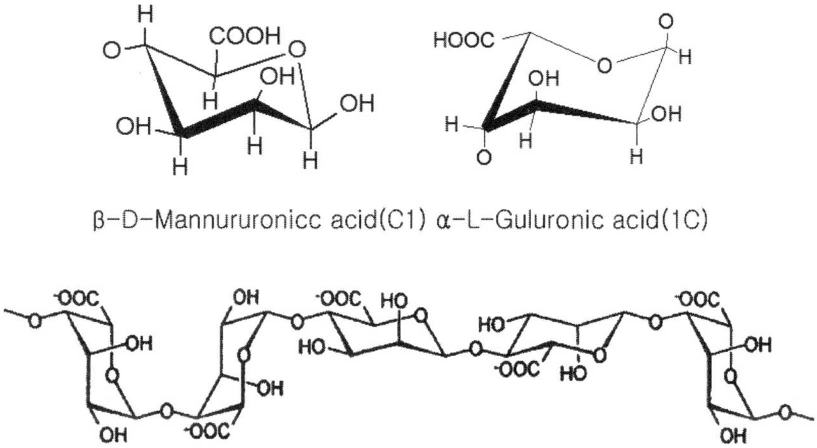

β-D-Mannururonicc acid(C1) α-L-Guluronic acid(1C)

(M 블록) (G블록)

그림 8-5 알긴산 구성 우론산과 및 블록

알긴산의 M/G 비율 및 그 배열은 알긴산 물성에 큰 영향을 끼친다. 알긴산 겔은 알긴산의 종류, 알긴산 칼슘염의 비율, 제조 방법 등에 따라 달라진다. G 블록의 비율이 높은 high-G 알긴산염은 겔 강도는 강하나 부스러지기 쉽다. 반면에 M 블록의 비율이 높은 high-M 알긴산염은 겔 강도는 약하나 부드러운 특성이 있다.

M/G 비율은 해조의 종류와 부위에 따라 다르고 서식지와 계절에 따라서도 달라진다. **그림 8-6**은 *Sargassum* 줄기에서 추출한 알긴산의 블록 함량을 나타낸 것이다. M블록과 MG블록은 4월에 최대값을, 2월에는 최소값을 나타내었다. G블록은 반대로 2월에 최대값을, 4월에 최소값을 나타내었다. MG블록의 비율은 12.0 ~ 16.5%이다.

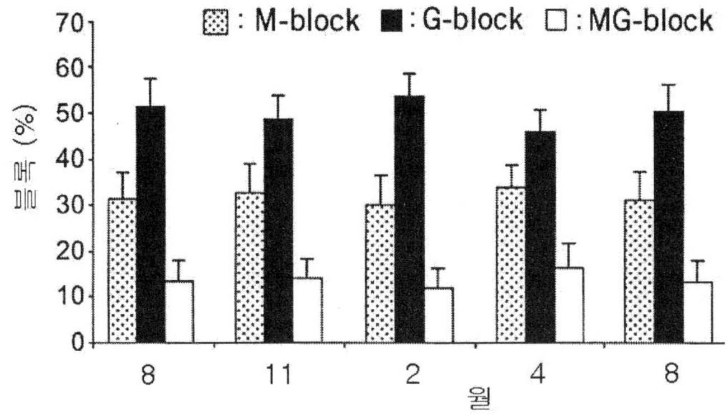

그림 8-6 *Sagassum* 줄기의 계절별 알긴산 블록 함량 변화

표 8-5는 각종 알긴산 원료의 M/G 비율을 나타낸 것이다. 해조에 따라 M/G 비율의 차이가 크고 또한 부위에 따라서도 차이가 남을 알 수 있다. 따라서 알긴산 제조시 M/G 비율을 조절하기 위해서는 원조의 종류, 부위, 채취 시기 등에 따른 변화를 검토하여야 한다.

표 8-5 해조류 종별 알긴산 블록의 조성(%)

해조	MM	MG	GG
Laminaria hyperborea (stem)	17	26	57
Laminaria hyperborea (leaf)	36	38	26
Lessonia nigrescens	40	38	22
Lessonia trabeculata	25	26	49
Durvillaea antarctica	56	26	18
Laminaria digitata	43	32	25
Eclonia maxima	38	34	28
Macrocystis pyrifera	38	46	16
Ascophyllum nodosum	44	40	16
Laminaria japonica	48	36	16

나) 알긴산 용액 특성

알긴산과 알긴산 칼슘염(calcium alginate)은 물에 녹지 않으나 다량의 물을 흡수하여 paste상의 덩어리 형태가 된다. 반면에 알긴산 나트륨염(sodium alginate)은 물에 녹아 부드러운 용액으로 된다. 알긴산 나트륨 용액의 점도는 분자량, 온도, 전단속도(shear rate), 알긴산 농도, 용매 등의 물리적 요인과 pH, 킬레이트 화합물 등의 화학적 요인에 의해 달라진다.

(1) 분자량 : 분자량이 클수록 점도가 증가한다.

(2) 온도 : 온도가 높을수록 점도는 감소한다. 온도가 낮으면 점도는 증가하나 겔이 형성되지는 않는다. 그리고 냉동한 후 해동을 하여도 점도의 변화는 없다.

(3) 용매 : 비수용성 용매를 첨가하면 점도가 증가하다가 일정 농도 이상에서는 침전이 발생한다. 1% 알길산 나트륨염은 에탄올 농도가 20%이상에서, 글리세롤이 70% 이상에서 침전이 발생한다.

(4) pH : 용액 점도는 pH 5 ~ 10에서 안정하다. pH 5.0이하에서는 점도가 증가하기 시작하고 pH 3 ~ 4에서 침전이 생성된다(그림 8-7). 그러나 분자량이 적을수록 안정성이 증가된다. 알칼리 환경에서는 비교적 안정하나 pH 11이상에서는 장기간 저장중 점도 저하가 발생한다.

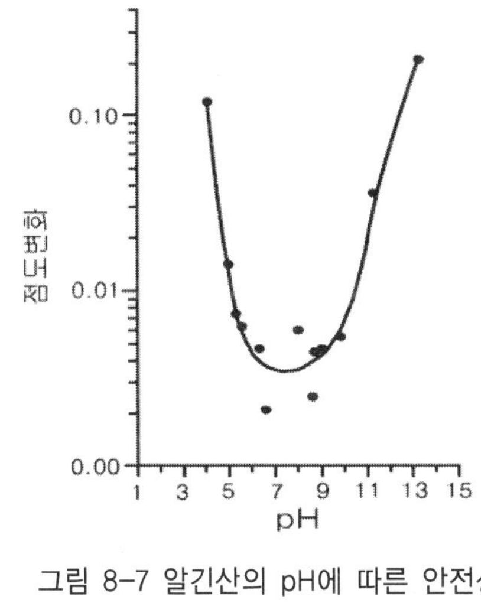

그림 8-7 알긴산의 pH에 따른 안전성

(5) 킬레이트 화합물 : EDTA 등의 킬레이트 화합물은 용액 내의 다가 이온뿐 만 아니라 알긴산 내에 함유되어 있는 칼슘이온의 차단하는 작용이 있어 침전을 방지한다.

다) 알긴산 겔 특성

알긴산 염은 이가 양이온(divalent cations)과 반응하여 겔을 형성한다. 이가 양이온 중 칼슘이 저렴하고 무독성이기 때문에 가장 많이 사용된다. 또한 알긴산 염 용액을 산성화시키면 겔이 형성되는데 이 산성겔은 칼슘 겔과 달리 부드러운 물성을 가진다.

초창기에는 인접한 알긴산 사슬의 두 개의 카복실기와 칼슘이온이 이온 결합을 하여 겔을 형성한다고 생각하였다. 비록 이 결합이 겔 형성에 중요한 역할을 하지만 알긴산 겔 형성에 필요한 충분한 에너지를 함유하고 있지 않다. 최근에는 중합도(DP)가 20이상인 G블록의 두 개의 인접된 사슬이 칼슘이온의 결합공간(cavity)을 제공하는 마름모 형태의 규칙적인 배열을 하며 이 배열이 또 다른 인접의 규칙적인 배열의 G블록과 상호 결합함으로서 겔을 형성한다는 egg-box 모델 가설이 지지를 받고 있다(그림 8-8).

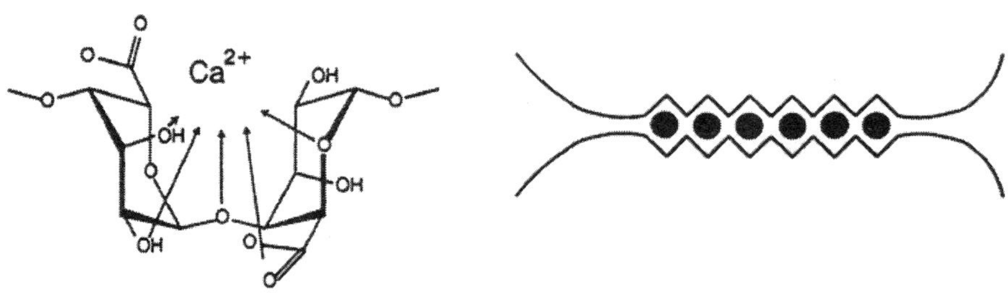

그림 8-8 알긴산의 egg-box 모델

라) 이온교환특성

불용성 알긴산 금속염은 전형적인 이온교환 수지와 같은 작용을 한다. 이가 금속이온의 친화성은 알긴산의 M/G비율에 따라 달라진다. D-만누로닉산이 많은 *Laminaria digitata*로부터 제조한 알긴산염은 L-글루로닉산이 풍부한 *Laminaria hyperborea* 줄기로 제조한 알긴산의 금속 친화도와 다르다. 다시마 종류별 금속 친화도는 다음과 같다.

L. digitatia alginate : Pb>Cu>Cd>Ba>Sr>Ca>Co, Ni, Zn, Mn>Mg

L. hyperborea alginate : Pb>Cu>Ba>Sr>Cd>Ca>Co, Ni, Zn, Mn>Mg

또한 겔 형성과 침전 발생에 필요한 이가 양이온의 농도는 M/G비율에 관계없이 아래 순서와 같이 일정하다.

Ba<Pb<Cu<Sr<Cd<Ca<Zn<Ni<Co<Mn, Fe<Mg

나. 한천(agar)

한천은 우뭇가사리, 꼬시래기 등의 홍조류의 세포벽에 존재하는 다당류이다. 뜨거운 물로 추출한 추출액을 냉각하면 겔을 형성하는 열가역적 특성을 나타낸다. 한천은 융점이 85℃ 전후, 응고점은 40℃ 전후로 융점과 응고점의 차이가 매우 큰 히스테러시스(hysteresis)현상과 강한 겔화 능력을 가지고 있다. 현재 식품 첨가물, 미생물 배지 및 의약품 등 다양한 용도로 이용되고 있다. 국내에서는 제주도 우도 등에서 다량 생산되고 있는 우뭇가사리를 원료로 겨울철에 동결과 해동은 반복하여 한천을 제조하는 자연 한천 제조 공정으로 실 한천 및 각 한천을 생산한다. 또한 칠레산 꼬시래기 등을 수입하여 가압탈수법으로 제조한 분말 한천도 다량 생산하고 있다.

(1) 원료

한천의 원료는 우뭇가사리목(*Gelidiales*), 돌가사리목(*Gigatinales*), 비단풀목(*Ceramiales*)의 홍조류가 이용되고 있다. 우뭇가사리목 중의 우뭇가사리는 한천 원조 중 품질이 가장 우수하다. 그러나 바위에 붙어 자라므로 채취가 다른 원조에 비하여 어려운 단점이 있다. 돌가사리목의 꼬시래기는 알칼리 전처리 기술 개발로 인하여 우뭇가사리와 너불어 한천의 주요 원료로 이용되고 있는 원조이다. 현재 국내 뿐 아니라 전세계적으로도 한천의 원료는 우뭇가사리와 꼬시래기가 대부분을 차지하고 있다. 비단풀목의 비단풀과 석묵은 단독으로는 한천의 원료로 이용되지 않고 주로 배합원료로 이용되고 있다.

(2) 한천의 특징

(가) 한천의 화학적 특징

한천의 화학적 특성은 원조의 종류, 서식환경 및 제조방법에 따라 달라지지만 주요 구성성분은 아가로즈와 아가로펙틴 두가지 획분이다. 아가로즈는 한천 겔화 특성을 나타내는 획분으로 D-galactose와 3,6-anhydro-L-galactose가 β-1, 4 결합된 구조로 계속 반복되어 있는 중성다당 획분이다(그림 8-9).

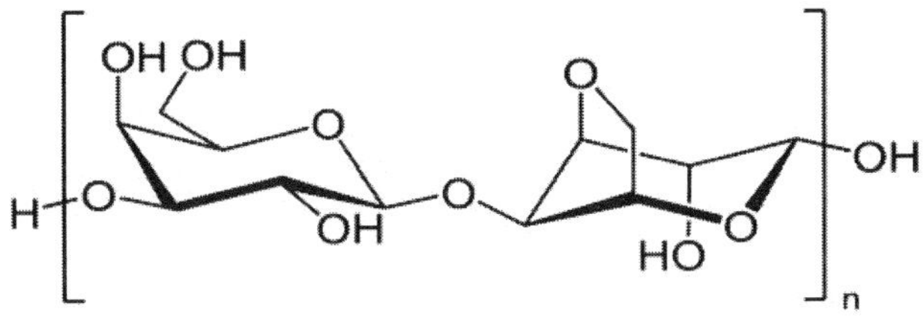

그림 8-9 아가로즈 구조

그러나 원조에 따라서는 3,6-anhydro-L-galactose 대신에 L-galactose가 일부 함유되어 있다. 또한 몇몇 D-galactose와 L-galactose는 methyl화되어 있을 뿐 아니라 극성 물질인 pyruvic acid와 sulphuric acid를 소량 함유하고 있다. 아가로펙틴은 겔화 능력이 약하고 이온성을 띠는 획분이다. D-galactose 4-sulphate, D-galactose 2,6-disulphate, 4,6-O-(1-carboxyethylidene)-D-galactose가 함유되어 있어 극성을 띈다. 또한 L-galactose도 일부 3,6-anhydro-L-galactose로 대체되어 있다.

(나) 한천의 물리적 특성

① 한천 수용액은 매우 강한 겔화 능력을 나타낸다. 동일한 농도에서 다른 겔 형성 화합물보다 강한 겔을 형성하며 또한 다른 첨가물을 첨가하지 않아도 스스로 냉각되면 겔이 형성된다.

② 한천은 안정하다. 한천은 비교적 넓은 pH 영역(pH 5 ~ 8)에서 안정하고 100℃이상의 온도에서도 비교적 안정하여 가열 살균을 효과적으로 할 수 있다. 겔화와 용해를 반복하여도 원래의 한천 겔 특성에는 변화가 없다. 또한 겔이 매우 안정하여 어떤 특정의 양이온을 첨가하여도 침전이 발생하지 않는다.

③ 강한 hysteresis 현상을 나타낸다. 1.5%의 한천 수용액은 32 ~ 43℃에서 겔을 형성하며 한번 형성된 겔은 85℃이하에서는 녹지 않는다. 또한 투명한 한천 겔은 쉽게 착색이 가능할 뿐만 아니라 설탕, 포도당, 글리세린 등을 첨가하면 굴절율이 증가하며 광택을 띠게된다. 한천 겔은 특별한 냄새가 없어 식품 등에 다용도로 사용할 수 있다.

(3) 겔화 기구

한천의 겔화 기구는 **그림 8-10**과 같다. 높은 온도에서는 한천 다당 사슬이 무작위 나선(random coil) 형태를 나타내나 냉각이 되면서 아가로즈 부위가 나선 구조를 형성하여 서서히 다당 사슬간의 접합이 일어나기 시작한다. 냉각이 진행됨에 따라 이들 접합 부위에 아가로펙틴 부위가 응집되어 3차원의 network가 완성된다.

일반적으로 한천의 겔화능은 한천 내의 아가로즈 함량에 의존한다. 3,6-anhydro-L-galactose 대신에 sulfate-L-galactose가 존재하면 이중나선 형성능이 저하된다. 따라서 C-6 위치의 황산기를 제거하면 다당 사슬의 규칙성이 증가되고 이러한 규칙성의 증가는 이중 나선 형성능을 증가시키고 결과적으로 겔 형성능이 증가된다. 아가로즈의 함량이 높고 황산기의 함량이 낮은 한천은 높은 겔화능을 나타낸다.

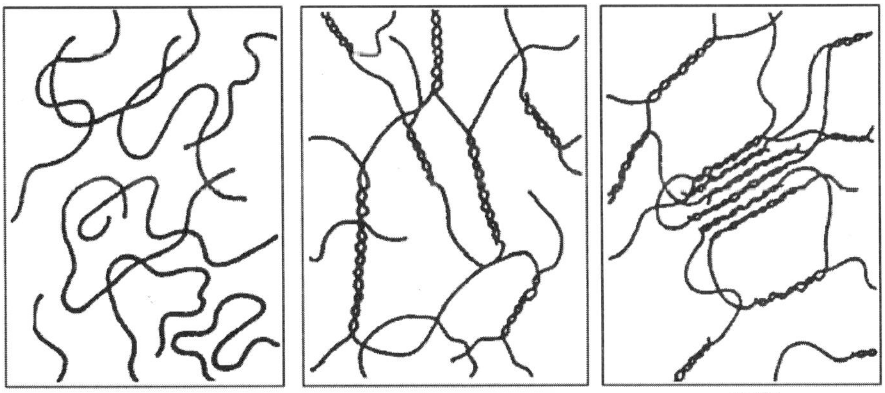

그림 8-10 한천의 겔화

다. 카라기난(carageenan)

카라기난은 아일랜드의 카라긴(caragheen) 지역에서 기근이 들었을 때 진두발(*Chodrus*)을 식용으로 이용한 것으로부터 진두발을 caragheen 또는 irish moss라 불렀다. 그 후 carageenan으로 명명되었다. 카라기난은 한천과 같이 홍조류에서 추출한 다당류로 한천에 비하여 겔 능력은 낮으나 점성이 커 식품산업에서 점도증진제, 청징제 등 다양하게 사용되고 있다.

(1) 원료

카라기난 제조에 이용되고 있는 원조는 가시우무속(*Hypnea*), 유케마속(*Eucheuma*), 진두발속(*Chondrus*), 돌가사리속(*Gigatina*)의 해조이다. 특히 *E. cottoni*와 *E. spinosum* 은 1971년 필리핀 해안에서 대단위 양식이 성공한 후 카라기난의 주원료가 되었다.

(2) 카라기난의 구조

카라기난은 D-galactose, 3,6-anhydro-D-galactose, 황산기가 주요 구성 성분이다. 3,6-anhydro-D-galactose의 존재 여부, 황산기의 수, 황산기의 결합위치에 따라 7종으로 분류된다. 이 중 상업적으로 중요 카라기난은 카파(κ) 카라기난, 아이오타(ι) 카라기난, 람다(λ) 카라기난이다(그림 8-11).

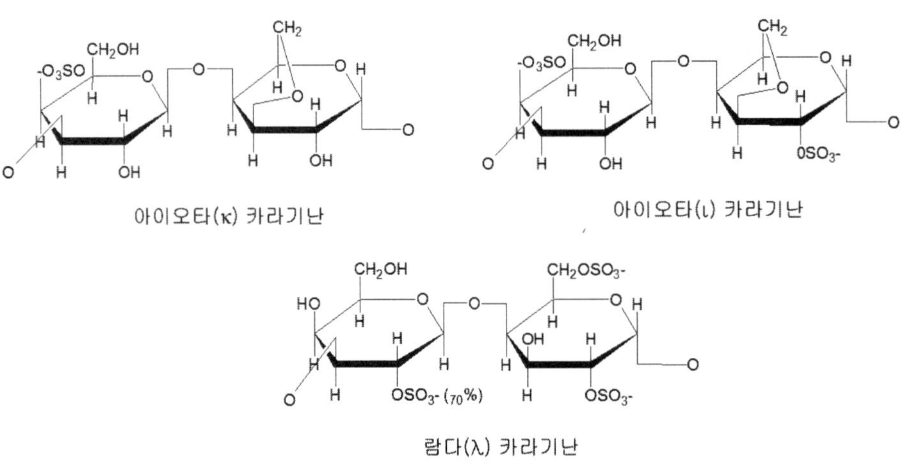

그림 8-11 카파, 아이오타, 람다 카라기난의 구조

(3) 카라기난의 특성

카라기난은 70℃이상의 물에서 완전히 녹으며 냉각되면 점성을 나타낸다. 중성과 알칼리에서는 안정하나 산성에서는 약하여 점도 및 겔화 능력이 떨어진다. 카라기난의 가장 큰 특성은 단백질과의 반응성이다. 단백질과의 반응성을 이용하여 현재 카라기난은 유제품이나 어육 연제품 등의 액즙 분리 방지제 및 보수력 증강제로 사용되고 있다. 상업적으로 중요한 카라기난인 카파, 아이오타, 람다 카라기난의 특성은 표 8-6과 같다.

표 8-6 주요 카라기난의 특성

특성		카파(κ)	아이오타(ι)	람다(λ)
용해도	온수	70℃이상에서 용해	70℃이상에서 용해	용해
	냉수	Na염 용해	Na염 용해	모든 염 용해
	뜨거운 밀크	용해	용해	용해
	차가운 밀크	불용	불용	분산
	고농도 설탕 용액	뜨거울땐 용해	불용	뜨거울땐 용해
	고농도 소금 용액	용해	뜨거울땐 용해	뜨거울땐 용해
	물과 섞이는 용매	30%까지의 용매에 용해	30%까지의 용매에 용해	30%까지의 용매에 용해
	유기용매	불용	불용	불용
겔 특성	양이온	K이온 존재시 강한 겔형성	Ca이온 존재시 강한 겔 형성	겔화하지 않음
	겔의 형태	부서짐성	탄성	겔화하지 않음
	로커스트검의 효과	상승	없음	없음
안정성	중성 및 알칼리성	안정	안정	안정
	산성(pH 3.5)	가수분해	겔 상태 안정	가수분해

라. 퓨코이단(fucoidan)

퓨코이단은 1913년 Kylin에 의해 *L. digitata* 등으로부터 최초로 분리되었으며 분리한 다당의 가수분해물 중에 fucose가 존재하는 것이 밝혀짐에 따라 퓨코이단으로 명명되었다. 퓨코이단은 세포내 골지체에서 합성되어 모든 갈조류의 세포간 물질(intercellular tissues)로 존재한다. 갈조류가 썰물에 노출될 때 탈수를 방지하는 역할을 하는 것으로 추정된다.

1) 퓨코이단의 화학적 특성

Fucoidan은 초기에는 갈조류의 수용성 추출액으로 부터 분리된 L-fucose로 구성된 다당을 의미하였다. 따라서 fucoidan을 산 가수분해 할 시 L-fucose이외에 검출되는 D-xylose, D-galactose 및 uronic aicd를 초기에는 불순물로 여겼다. 즉, *Himanthalia lorea*의 열수 추출액으로 부터 정제한 fucoidan의 조성을 분석한 결과 half ester sulfate가 38%, fucose 56.7%, galactose 4%, xylose 1.5%, uronic acid 약 3% 그리고 무기질이 8% 함유되어 있었는데 fucose와

sulfate이외는 불순물으로 여겼다. 그러나, 이후 알콜 분획 및 전기 영동 분획을 통해 얻은 fucoidan의 조성에 관한 연구에서도 fucose만으로 구성된 획분을 얻을 수가 없었다. 또한 *Macrocystis pyrifera*의 침출물로 부터 얻은 다당의 fucose와 galactose의 비율이 일련의 정제 단계에서 18:1로 일정하며 *M.pyrifera* 침출물의 주요 성분은 유리 상태의 fucan sulfate의 형태로 존재하는 것이 아니라 galactofucan 형태 및 소량의 xylogalactofucan형태로 존재한다고 알려졌다. 이에 따라 fucose이외의 단당을 불순물로 여기던 종전의 시각에서 갈조류의 종에 따라 fucose이외의 단당들도 fucoidan의 구성 성분으로 인정하게 되었다. 그러나 동일한 갈조에서 추출한 fucoidan이라도 추출 방법에 따라 구성성분의 조성이 달라지는 등 여전히 문제점이 남아 있었다. 이러한 문제점은 노르웨이 학파의 Ascophyllan에 관한 일련의 연구에 의하여 해결되었다. 즉, *Fucales* 목의 *A. nodosum*을 산 추출하여 산 가용성 물질을 제거하고 남은 잔사를 다시 알칼리 추출하였다. 이 알칼리 추출액을 알콜 분획하여 polypeptide에 결합되어 있는 3종의 다당을 분리하고 주 획분을 ascophyllan으로 명명하였다.

Ascophyllan을 다시 부분 가수분해하여 황산기가 없는 고분자 polyuronide, 불용성의 polypeptide, 그리고 황산기가 함유된 fucose와 xylose로 구성된 올리고당 혼합물을 얻었다. 이들 각각의 획분의 화학적 특성에 관한 연구를 통해 ascophyllan의 구조는 (1-4)-linked D-glucopyranuronic acid로 이루어진 주 사슬에 L-fucose, D-xylose 및 half-ester sulfate로 구성된 측쇄(fucoidan을 의미)가 glycosidic bond로 결합되어 있으며 polypeptide는 이 측쇄에 결합되어 있다고 결론을 내렸다. 또 *A.nodosium*과 *F.vesiculosus*으로 부터 종전의 fucoidan 추출법에 따라 약한 산성 조건하(pH 2)에서 fucoidan을 추출하였다. 이를 다시 0.02N HCl로 산분해한 후 전기영동하여 sulfated glucuronoxylofucan(ascophyllan)과 알긴산 및 galactose와 fucose로 구성된 L-fucose sulfate(fucoidan)를 분리하였다. 이상의 Ascophyllan 연구를 통해 천연상태의 fucoidan은 갈조내에서 알긴산과 단백질로 이루워진 거대 분자의 하나의 구성 성분으로 존재하는 것이 밝혀졌다. 따라서 추출 과정에서 화학적, 물리적 분해 정도의 차이로 인해 fucoidan의 구성 성분이 추출 방법 및 종에 따라 달라질 수 있음을 밝혔다. 이 후 fucoidan은 갈조로 부터 추출한 다당 중 fucose를 구성

성분으로 함유한 수용성 함황 산성 다당을 통칭하는 의미로 사용되고 있다. 또한 갈조류의 함황 산성 다당에 관한 명명은 저자 및 연구의 목적에 따라 fucan sulfate, fucoidan type polysaccharide, fucose containing polysaccharide 등으로 사용되고 있으나 아직도 보다 넓은 의미에서의 fucoidan이 많이 사용되고 있다(그림 8-12).

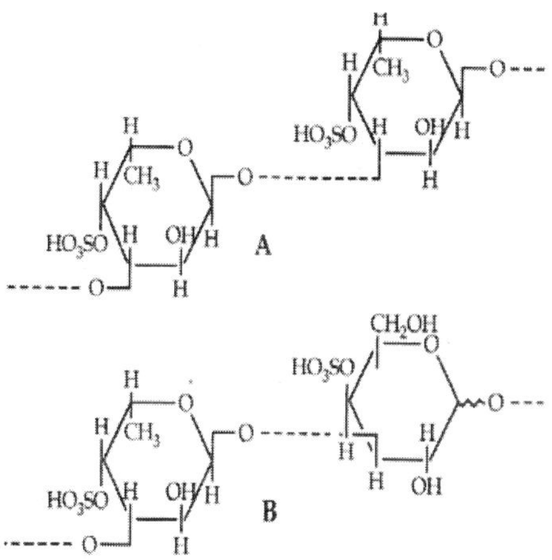

그림 8-12 퓨코이단 구조

2) 푸코이단의 함량 변화

퓨코이단의 함량은 갈조류의 종류에 따라 차이가 크고 생육장소 및 계절에 따라서도 차이가 난다. 국내산 갈조류의 조fucoidan과 부분 정제 fucoidan의 수율은 표 8-7과 같다. 조fucoidan의 수율은 미역 포자엽이 12.75%로 가장 높고 다음은 톳 4.85%, 다시마 4.76%, 모자반 4.33%, 미역 1.73%순이다. 미역 포자엽의 조fucoidan의 함량이 탄수화물의 함량이 가장 많은 다시마보다 높다. 부분정제 fucoidan의 수율은 미역 포자엽이 6.65%로 가장 높고, 다음으로 다시마 2.71%, 톳 2.51%, 모자반 1.56%, 미역엽상체 0.4% 순이다. 또한 조fucoidan내의 부분 정제 fucoidan의 함유 비율은 다시마, 톳, 미역포자엽, 모자반, 미역엽상체 순으로 각각 56.93%, 52.29%, 52.16%, 36.13%, 23.19%이다.

표 8-7 갈조로부터 추출한 퓨코이단 함량

해조 종	조퓨코이단	부분 정제 퓨코이단	
	갈조(%)	갈조(%)	조퓨코이단(%)
다시마	4.76	2.71	56.93
미역	1.73	0.40	23.19
미역포자엽	12.75	6.65	52.16
톳	4.85	2.51	52.29
모자반	4.33	1.56	36.13

퓨코이단 함량의 계절적 변화는 그림 8-13과 같다. *Undaria pinnatifida*에 함유되어 있는 퓨코이단의 함량은 4월의 3.21%에서 7월에 16%로 거의 5배 증가하였다. 또한 구성당의 조성도 fucose의 함량은 거의 일정하나 galactose의 함량은 4월에 20.5 mol%에서 6 - 7월에 38 ~ 39.5 mol%로 증가하였다. 반면에 mannose는 반대 경향을 나타내었다. Fucose와 galacose의 mole 비는 4월에 1 : 0.34에서 6 - 7월에 1 : 0.66 ~ 0.69로 증가하였다.

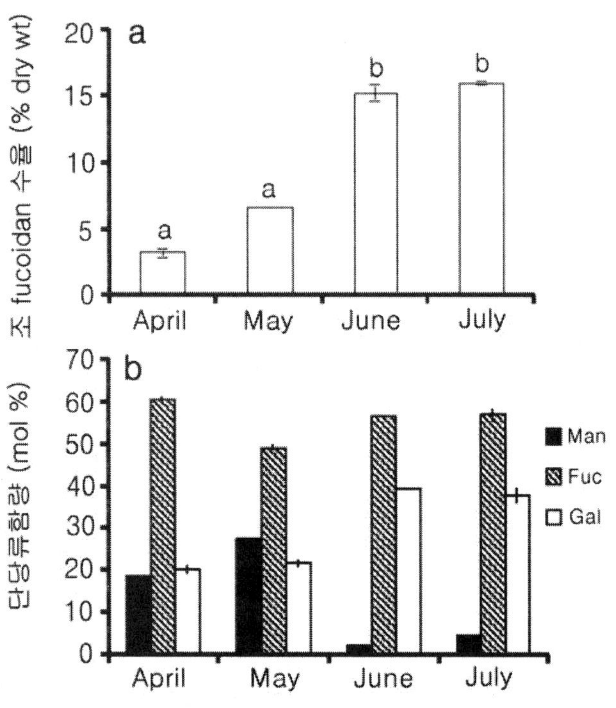

그림 8-13 *Undaria pinnatifida*의 계절별 퓨코이단의 함량 및 구성당 조성 변화

국내산 퓨코이단의 구성성분 몰비는 표 8-8과 같다. 다시마, 미역포자엽, 톳, 모자반의 fucose와 galactose의 mole비가 각각 1:0.31, 1:0.87, 1:0.66, 1:0.24로 미역포자엽의 경우 galactose의 mole비가 높음을 알 수 있다. 또한 전체당(uronic acid포함)에 대한 황산기의 mole비는 다시마가 1:1.6, 미역포자엽이 1:1, 톳이 1:1.5, 모자반이 1:1.1로 다시마와 톳은 2 mole의 당에 3 mole의 황산기가 결합되어 있고 미역포자엽과 모자반은 1 mole의 당에 1 mole의 황산기가 결합되어 있는 것으로 여겨진다.

표 8-8 정제 퓨코이단의 구성성분 몰비

	Mole ratio						
	Fuc	Gal	Glu	Man	Xyl	Sulfate	Uronate
다시마	1	0.31	0.04	0.06	–	2.43	0.07
미역포자엽	1	1.48	0.01	0.04	0.07	2.20	0.05
톳	1	0.66	–	0.09	0.09	2.74	0.13
모자반	1	0.24	0.24	0.01	0.06	1.46	0.05

3) Fucoidan의 생리적 특성

가) 항혈액응고 작용 :

Fucoidan은 구조 및 생리 작용이 heparin과 유사하므로 heparin의 대체물질로 사용 가능성에 대하여 많은 연구가 진행되고 있다. Fucoidan의 항혈액응고작용은 항혈액응고 작용을 나타내는 다당인 heparin과 dermatin sulfate와 같이 thrombin의 활성을 억제하여 혈액응고를 저지한다. 인체 혈액내에 존재하는 thrombin의 활성 저지 인자인 antithrombin III(AT III)과 heparin cofactor II(HC II)는 분자량이 각각 62,000, 65,600인 당단백이며 비슷한 아미노산 조성을 가지고 있으나 그 저해 작용의 범위는 차이가 난다. 즉, AT III는 혈액응고 내인계 인자인 Xa, IXa, XIa, XIIa, Kallikrein 및 thrombin의 활성을 억제하고 HC II는 단지 thrombin만의 활성을 억제한다. Heparin은 AT III 및 HC II 모두와 결합하여 thrombin의 활성을 억제하나 dermatin sulfate는 HC II를 통해 thrombin 억제 작용을 한다.

나) 혈행개선 작용 :

Fucoidan이 selectin(셀렉틴)과 직접 경합을 통해 뇌의 혈액 개선의 효과가 있다. 셀렉틴은 당단백질로서 백혈구 등이 상처난 혈관에 잘 붙도록 도와주는 역할을 한다.

다) 위 보호 :

점막도포를 통한 복구 기능 및 점막 면역력 증대기능이 있다. 또한 헬리코박터의 억제 가능성이 제기되고 있다.

라) 항암작용 :

혈관 형성을 억제하므로 전이성 암의 치료 효능에 대한 가능성이 제기되고 있다.

마. 포피란

포피란은 김(*Porphyra* spp.)이나 서실(*Laurentia* spp.), 김파래(*Bangia* spp.) 등 홍조류의 열수추출물 중에 함유되어 있는 sulfated galactan을 총칭한다. 포피란의 주요구성성분은 3,6-anhydrogalactose, 6-methyl- galactose, D,L-galactose 및 ester sulfate이고 이중 ester sulfate는 주로 1,4 linked L-galactose-6-sulfate로서 존재한다. 포피란은 D,L형의 한천계 galactan으로 분류되는데 황산기와 OCH_3기 함유량이 많은 점을 제외하고는 agarose와 동일한 1차 구조를 가지고 있어 L-galactose unit가 sulfate로, D-galactose unit가 methyl기로 고도로 치환된 agarose라고도 할 수 있다. 따라서 알칼리 처리하여 6-sulfate를 3, 6-anhydrogalactose로 변화시키면 gel을 형성한다. 표 8-9는 홍조류에서 추출한 산성 다당의 특성을 비교한 것이다.

국내산 김에서 추출한 조포피란의 수율과 구성 성분은 표 8-10과 같다. 수율은 15.9%이며, 총당 58.6%, 황산기가 10.5%, 단백질 9.8%이다.

조포피란의 구성 성분의 몰비는 galactose, 3,6-anhydrogalactose, 6-methyl galactose, sulfate가 1 : 0.34 : 0.07 : 0.55 이다(표 8-11).

표 8-9 홍조류 sulfated galactan의 이화학적 특성 비교

	agar	carrageenan	porphyran
[Seaweed]	*Gelidium spp.* *Gracilaria spp.*	*Chondrus oceilatus* *Gigartina teneila*	*Porphyra spp.* *Laurentia spp.*
[Chemical] Basic structure Sulfate group	 DL[1] 1～4%	 DD[2] 20～30%	 DL[1] 6～11%
3,6-An-Gal[3] Gal-6-Sul[4] 6-Me-Gal[5]	L form nonexisted existed	D form existed nonexisted	L form existed existed
[Physical properties] Solubility Viscosity Solidity	dissolved at approx. 100℃ low gelatinized strongly	dissolved at 75℃ above high gelatinized weakly (gelatinized strongly with salt)	- - gelatinized with alkali-treatment
[Biological activities]	laxatative effect anticoagulator	immunosuppression activation of hageman factorⅫ kinin activation	antitumour

표 8-10 조 포피란의 수율 및 조성 (%, 건물기준)

Sample	Yield	Chemical composition			
		Total sugar	Sulfate	Protein	3,6-An-Gal
Crude porphyran	15.9	58.6	10.5	9.8	13.2

표 8-11 조포피란 분획물의 구성성분 몰비

Sample	Molar ratio			
	D,L-Gal	3,6-An-Gal	6-Me-Gal	Sulfate
P-F1	1	0.34	0.07	0.55

바. 라미나란

라미나란은 갈조류에 함유되어 있는 저장 다당으로 약 20개의 glucose 잔기가 β-1,3으로 결합되어 기본 구조를 이룬다. 육상 식물이나 녹조류의 저장 다당이 α-glucan인데 반하여 갈조류의 저장 다당인 라미나란은 β-glucan이다. 라미나란은 두가지 형태로 나누어진다. 즉, *Laminaria cloustoni* 등으로부터 분리한 수용성 라미나란과 *L. digitata* 등으로부터 분리한 불용성 라미나란이다. 그러나 불용성 라미나란도 뜨거운 물에는 녹는다. 패(*Ishige okamura*)로부터 추출한 라미나란은 다시마 속에서 추출한 라미나란과 같이 약 20개의 glucose 잔기로 이루어져 있으나 β-1,6 결합의 가지 사슬을 함유하고 있어 β-1,3과 β-1,6 결합이 4 : 1로 이루어져 있다. 따라서 라미나란의 세부 결합 구조는 종에 따라 다르며 용해도는 β-1,6 결합 수에 따라 차이가 많을 것으로 여겨진다(그림 8-14).

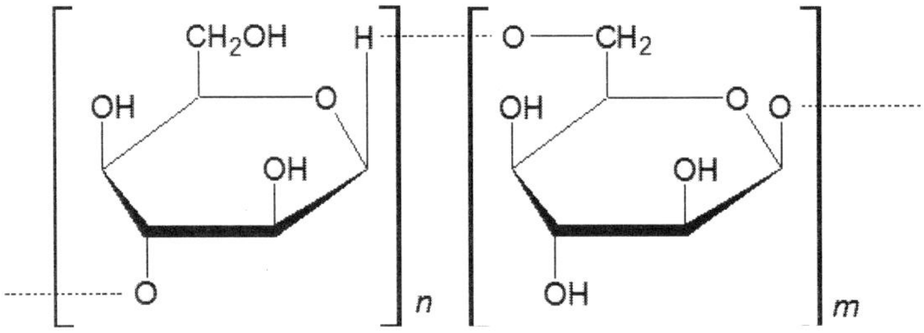

그림 8-14 라미나란의 구조

사. 저분자 탄수화물

해조류의 저분자 탄수화물은 육상 식물과 많은 차이가 있다. 육상 식물에 함유되어 있는 유리당은 해조류에는 없다. 그러나 예외적으로 갈조류에는 mannitol, 홍조류엔 floridoside와 같은 몇몇 특이적인 광합성 중간 대사 산물이 존재한다.

D-mannitol은 1884년 Stanhouse에 의하여 갈조류로부터 분리되었는 데 이는 해조로부터 당 알콜의 최초 분리이다. 그 후 여러 당 알콜 즉, D-volemitol, D-sorbitol, dulcitol, laminitol, mesoinositol이 분리되었다. 이들 당 알콜 중 D-mannitol은 갈조의 5 ~ 30%로 다량 함유되어 있으나 다른 당 알콜은 건물 기준으로 0.1%이하이다(표 8-12).

홍조류에는 2-O-D-glycerol-α-D-galactopyranoside(floridoside), 1-glycerol-α-galactopyranoside(isofloridoside), 2-glyceric acid α-manopyranoside(digeniaside)가 함유되어 있다(그림 8-15). Floridoside는 홍조류 모든 해조에 분포하고 함량은 건물 기준으로 1.5-8%이다. 반면에 digeniaside는 비단풀목(ceramiales)에서만 분포하고 함량은 건물기준으로 1-2.2%이다.

표 8-12 갈조류의 mannitol, laminaran, and alginic acid함량(%, 건물 기준)

해조명	Mannitol	Laminaran
Laminaria japonica	24.3	1.3
L. angustata var. longissima	16.6	1.4
Kjellmaniella gyrata	8.3	4.3
Undaria pinnatifida	5.6	0.6
Anthrothamnus bifidus	32.1	0.7
Eisenia bicyclis	13.5	13.3
Ecklonia kurome	23.0	–
Pelvetia wrightii	11.6	1.6
Hizikia fusiforme	9.1	1.0
Sargassum ringgoldianum	25.9	1.5
S. tortile	5.3	2.7
S. piluliferum	8.7	1.0
Dictyopteris undulata	–	–
Padina arborescence	9.7	–
Colomenia simuosa	1.2	0.9

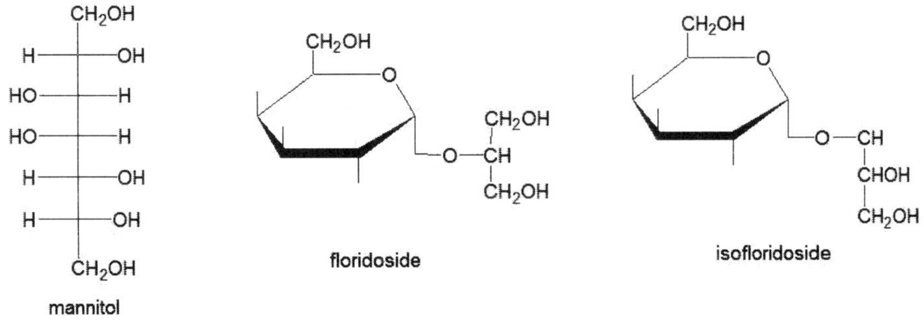

그림 8-15 해조류 저분자 탄수화물

3 단백질과 저분자 질소 화합물

해조의 질소 함량은 건물 기준으로 1 ~ 7% 범위이다. 이 질소는 단백질과 저분자 질소 화합물로부터 유래한다.

가. 단백질

식용 해조 중 조 단백질은 녹조, 갈조, 홍조 모두 건물당 10 ~ 20% 함유되어 있으나 홍조 중 김속은 35 ~ 45% 정도로 다량 함유되어 있다. 김의 경우 11월 말부터 4월 말까지 생산되나 그 중 12 ~ 1월 경에 수확한 김에 단백질 함량이 높다. 이 같이 단백질의 함량은 해조 종에 따라 다르고 동일 해조라도 생장, 시기, 산지에 따라 변동한다. 그러나 해조 단백질의 자료는 홍조와 남조의 phycoerythrin과 phycocyanin과 같은 biliprotein을 제외하고는 극히 미미하다. 이는 해조에 다량 함유되어 있는 점질 다당으로 인하여 세포벽에 결합되어 있는 단백질의 추출과 정제가 어렵기 때문이다. 해조 단백질의 획분은 표 8-13과 같다.

표 8-13 구멍갈파래, 대황, 참우뭇가사리로부터 분리한 해조 단백질 획분

(mg/g 건물 기준)

Seaweed	Nonprotein N	Protein N[d]				Total N[a]
		Water-sol	Salt-sol[b]	Alkali-sol[c]	Total	
Ulva pertusa	11.3	2.6	1.4	3.3	7.3	33.0
	(34.2)	(7.9)	(4.2)	(10.0)	(22.1)	(100)
Eisenia bicyclis	10.0	1.1	1.5	1.8	4.4	29.6
	(33.8)	(3.7)	(5.1)	(6.1)	(14.9)	(100)
Gelidium amansii	3.7	2.3	1.0	2.4	5.7	28.9
	(12.8)	(8.0)	(3.3)	(8.3)	(19.7)	(100)

[a]Soluble with phosphate buffer(I=0.05, pH 7.5)

[b]Soluble with KCl-phosphate buffer(I=0.5, pH 7.5) from the residue after extraction with water.

[c]Soluble with 0.1N NaOH from the residue after extraction as in Note b.

해조 단백질의 구성 아미노산은 표 8-14와 같이 aspartic aicd, glutamic acid, glycine, alanine의 함량은 높으나 methionine, tyrosine, histidine의 함량

은 낮다. 즉, alanine, aspartic acid, glutamic acid이 많은 점은 육상 식물과 유사하나 염기성 아미노산인 arginine이 비교적 많은 점이 특색이다. 구멍갈파래(*Ulva perutusa*), 청각(*Codium fragile*), 대황(*Eisenia bicyclis*), 미역(*Undaria pinnatifida*), 참김(*Porphyra tenera*), 미끌지누아리(*Grateloupid turuturu*)로 부터 제조한 알칼리 가용성 단백질의 아미노산 조성은 서로 유사하며 aspartic acid, glutamic acid, glycine, alanine, valine, leucine이 대부분을 차지한다.

표 8-14 구멍갈파래, 대황, 참우뭇가사리로부터 추출, 분획한 수용성(A), 염용성(B), 알칼리 가용성(C) 단백질의 아미노산 조성 (mg%)

Amino acid	*Ulva Pertusa*			*Eisenia bicyclis*			*Gelidium amansii*		
	A	B	C	A	B	C	A	B	C
Asparatic acid	94	98	102	100	104	94	101	96	86
Threonine	58	64	61	58	59	53	59	60	57
Serine	67	104	86	107	78	60	81	90	66
Glutamic acid	94	90	85	153	131	101	97	114	93
Proline	49	0	61	33	45	58	41	0	49
Glycine	102	115	111	121	92	104	91	108	84
Alanine	100	101	99	152	120	108	98	72	100
Valine	61	62	61	53	57	64	59	48	66
Methionine	18	14	13	11	14	21	17	6	19
Isoleucine	41	42	38	31	30	39	43	48	66
Leucine	74	77	76	55	55	78	68	79	82
Tyrosine	27	31	26	22	22	23	28	26	29
Phenylalanine	38	38	41	27	29	38	32	21	38
Lysine	50	52	40	42	46	40	48	46	49
Histidine	18	21	17	17	11	15	13	14	13
Arginine	44	45	42	34	31	38	41	48	47
NH_3	117	148	145	312	155	96	162	497	93

나. 저분자 질소 화합물

질소화합물 중 일부는 70% 에탄올에 추출된다. 추출된 질소 화합물의 함량은 해조의 종류, 계절 및 서식지에 따라 다르나 대체적으로 전체 질소 화합물 중의 10 ~ 20%를 차지한다. 이 수용성 에탄올 추출물에는 유리아미노산, 아민, nucleotides, 미량의 단백질이 포함되어 있다. 이들 수용성 질소 화합물은 식품성분으로 중요하다. 예를 들면 다시마 추출물에 다량 함유되어 있는 glutamic acid는 식품 조미료로 널리 이용되고 있다. 일반적으로 유리아미노산의 함량은 종과 계절에 따라 크게 변한다(표 8-15).

표 8-15 해조의 유리아미노산 함량 (mg%, 건물 기준)

Amino acid	Chlorophyta		Phaeophyta		Rhodophyta
	Ulva pertusa	*Entero morpha linza*	*Laminaria japonica*	*Undaria pinnatifida*	*Porphyra spp.*
Alanine	17.7	23.8	22.4	617.0	1750
Arginine	2.5	1.9	0.9	36.5	11
Aspartic acid	4.4	13.7	654.0	5.4	310
Chondrine	–	–	5.2	41.0	–
Citrulline	28.7	43.0	–	–	–
Glutamic acid	31.8	55.0	1470.0	39.8	1378
Glycine	9.1	5.2	4.7	455.0	20
Histidine	–	–	1.6	2.1	16
Isoleucine	3.7	5.8	1.4	11.2	16
Leucine	6.6	6.8	1.4	19.6	35
Lysine	0.9	0.8	9.6	9.0	12
Methionine	–	–	3.1	1.7	5
Phenylalanine	4.1	3.8	10.4	9.2	–
Proline	40.0	51.1	135.0	156.0	17
Serine	11.9	33.7	19.8	64.4	41
Taurine	154.0	75.4	2.0	11.8	1569
Threonine	5.7	3.8	5.0	90.3	38
Tyrosine	2.1	2.1	6.7	10.1	4
Valine	3.5	3.9	3.7	11.1	37

[a]mg% on a wet basis

유리 아미노산의 조성의 경우 몇몇 예외를 제외하고는 염기성 아미노산의 함량은 낮은 반면에 alanine, aspartic acid, glutamic acid의 함량은 높아 전체 유리 아미노산의 50% 이상을 차지하는 해조도 있다. 그러나 홍조류에는 몇몇 예외가 있어 *Grateloupiaceae, Gracilariaceae, Phyllophoraceae, Gigartinaceae*는 비교적 다량의 citrullin을 함유하고 있다. *Rhodymenials* 목의 *Rhodymenia*와 *Ceramiales* 목의 빨간검둥이과(*Rhodomelaceae*)의 몇몇 해조류는 예외적으로 proline을 다량 함유하고 있다. Citrulline, arginine, 그리고 특이한 아미노산인

gigartinine과 같은 염기성 아미노산은 *Grateloupiaceae, Gracilariaceae, Phyllophoraceae, Gigartinaceae*과에 비교적 다량 함유되어 있다.

몇몇 해조는 육상 식물과 같이 몇몇 특이한 아미노산을 이차 대사 산물로 유리 상태로 축적하고 있다. 이들 특이한 아미노산은 아래와 같다

가) Chondrine : 서실(*Chondria crasicaulis*)로부터 최초 분리되었으며 서실 15kg에서 정제된 Chondrine 5g이 분리되었다. 파래류, 서실류, 미역, 다시마, 반주름말류(*Zonaria*)에서도 검출되었는데 이로 미루어 볼때 chondrine은 대부분의 해조에 존재할 것으로 여겨진다.

나) Gigartinine : 홍조류의 부챗살(*Gymnogongrus flabelliformis*)로부터 최초 분리되었으며 건조 부챗살 1kg으로부터 4g이 분리되었다. 홍조류의 *Grateloupiaceae, Gracilariaceae, Phyllophoraceae*과에서도 검출되었다.

다) L-Baikian : 홍조류의 개우무(*Pterocladia pinnata*)로부터 분리되었다. Corallinaceae과의 대부분 해조에도 분포한다.

라) Methionine sulfoxide : 미끌지누아리(*Grateloupid turuturu*)에 풍부하게 함유되어있다. N-Methylmethionine sulfoxide도 미끌지누아리에서 검출되었다.

마) Rhodoic acid : 진두발(*Chondrus* spp)속에서 분리되었다. 이 아미노산은 taurine과 pyruvic acid로부터 효소적으로 생산된다.

바) Laminine : 다시마에서 분리되었는데 항 고혈압 활성을 가지고 있다. 다시마과의 해조에 널리 분포한다.

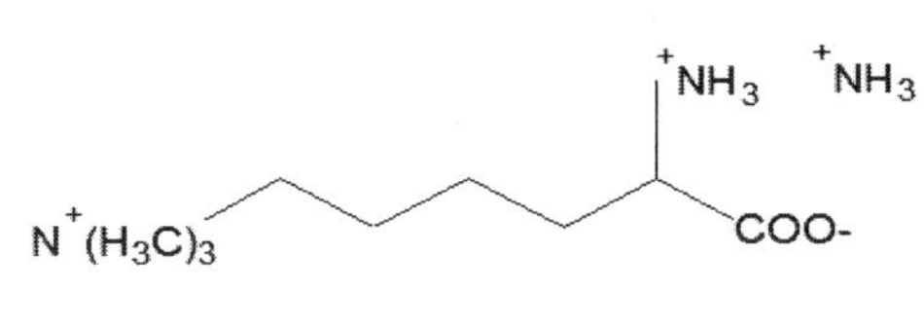

Laminine

그림 8-16 라미닌

사) Taurine : 함황 아미노산 대사의 최종 산물이다. Taurine은 홍조류에 널리 분포한다. 몇몇 해조류는 N-monomethyltaurine, N,N-dimethyl taurine, N,N,N-trimethyl taurine, D-glyceryltaurine, D-cysteinoic acid,

3-aminopropane sulfonic acid(homotaurine), 2-hydroxy-3-amino-propane sulfonic aicd와 같은 특이한 taurine 유도체를 함유하고 있다(그림 8-17).

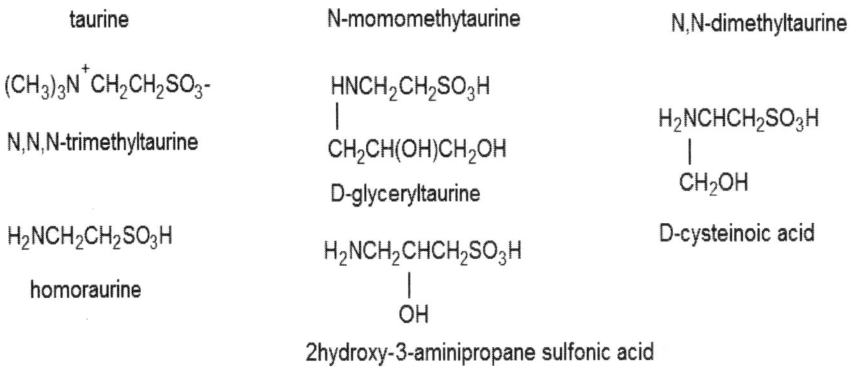

그림 8-17 해조에 함유되어 있는 타우린 유도체

다. 저분자 펩티드

갈조에는 eisenin(L-glutaminyl-L-glutaminyl-L-alanine)과 fastigiatine(py-rolidonylglutaminylglutamine)과 같은 펩티드를 함유되어 있다. *Cladophora*속과 구멍갈파래(*Ulva perutusa*)로부터는 L-arginylglutamine이 분리되었다. L-citrullyl-L-arginine은 Grateloupiaceae과의 해조에서 검출되는 데 특히 진두발류에 다량 함유되어있다. 특이한 citrullyl 펩티드인 L-citrullyl-L-citrulline, L-citrullyl-L-citrullyl-L-citrulline, L-citrullyl-L-ornithyl-L-arginine은 참지누아리(*Grateloupia filicina*)로부터 분리되었고, L-gigartiny-L-gigartine은 넓은지누아리(G.livida)로부터 분리되었다.

라. 저분자 nucleotide

김속과 톳속을 제외하고는 저분자 nucleotide의 함량은 극히 미량이다. 김속은 생 김과 마른 김 모두 5'-IMP 뿐 아니라 소량의 IDP, CMP, UMP와 GMP를 함유하고 있고 미량의 AMP와 ADP도 검출되었다. 또한 육류에는 많이 함유되어 있으나 식물에는 거의 함유되어 있지 않은 IMP가 식용으로 많이 이용되는 김에 함유되어 있는 것은 흥미로운 일이다(그림 8-18).

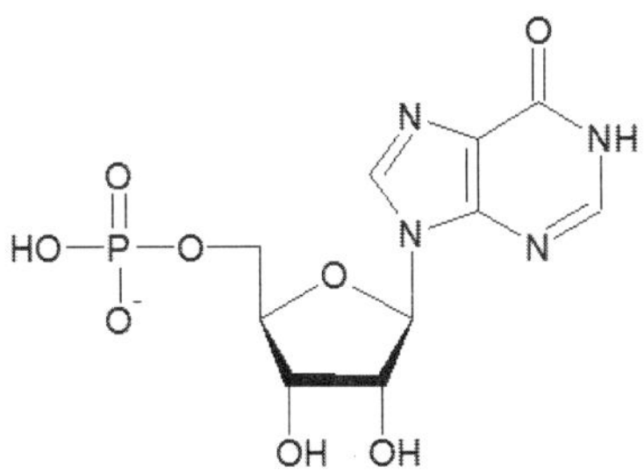

그림 8-18 IMP 구조

4 무기질

해조의 회분 함량은 건물 기준으로 8 ~ 40%로 종에 따라 매우 다양하다. 몇몇 해조의 회분과 무기질 함량은 표 8-16과 같다. 인체에 중요한 칼슘, 나트륨, 마그네슘, 칼리, 인, 요오드, 철, 아연 등이 풍부하게 함유되어있고 미량성분도 다양하게 함유되어 있다.

해조는 우리나라의 주요 식품이며 중요한 요오드 공급원이다. 그러나 해조의 요오드 함량은 종과 서식지에 따라 매우 다양하게 변한다. *laminaria cloustonii*는 건물 기준으로 1% 이상의 요오드를 함유하고 있으나 *Pelvetia canaliculata*와 *Fucus spiralis*는 단지 0.03%만 함유하고 있다. 식용 해조인 다시마, 감태, 톳, 미역의 요오드 함량은 건물 100g당 각각 145, 315, 60, 5.7mg이다. 이들 해조에 함유되어 있는 전체 요오드의 83 ~ 86%는 저분자의 요오드염으로 존재하므로 인체 장기에서 쉽게 흡수가 된다.

해조는 육상 식물에 비하여 미량 원소를 많이 함유하고 있다. 해조는 특히 비소의 함량이 높다. 갈조류의 비소 함유량은 22.7 ~ 138.3ppm으로 녹조와 홍조에 비하여 함유량이 높으며 육상 식물에 비하여 200 ~ 500배 많이 함유되어 있다. 그러나 해조의 비소는 대부분 유기태로 존재한다(그림 8-19).

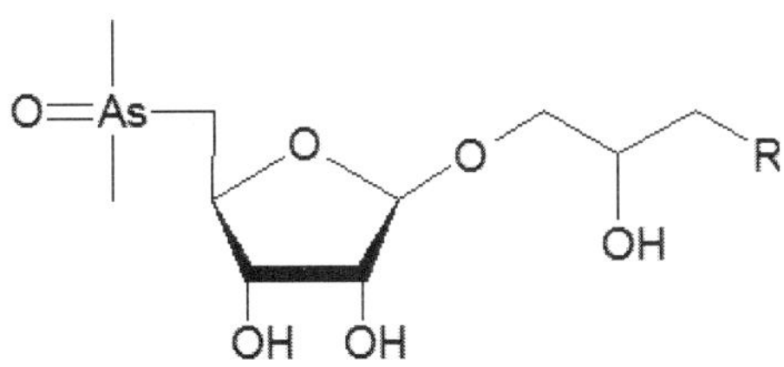

그림 8-19 유기태 비소

표 8-16 해조의 회분 및 무기질 함량

Seaweed	Total ash (% of dry matter)	Mineral (mg/g dry matter)										
		Na	K	Ca	Mg	Si	P	Sr	Fe	Al	Zn	B
Clorophyta												
Monostroma nitidum	22.5	17.9	7.6	13.6	13.6	–	0.90	0.18	0.90	1.15	0.21	0.050
Ulva pertusa	18.8	3.6	5.1	8.0	25.8	5.2	1.45	0.22	0.76	0.56	0.14	0.065
U. conglobata	15.9	1.0	1.7	8.3	36.5	–	0.80	–	0.61	1.01	0.06	–
Enteromorpha compressa	22.6	–	–	11.9	19.8	21.8	–	0.33	1.13	0.69	0.25	0.116
Chaetomorpha crassa	11.3	6.5	13.2	10.3	11.3	–	0.80	0.23	0.36	0.56	0.15	0.140
Phaeophyta												
Padina arborescens	14.2	16.1	35.7	19.2	8.0	–	0.98	1.31	0.84	0.77	0.14	0.130
Ishige foliacea	14.7	–	–	12.4	9.1	13.9	–	1.17	0.41	0.14	0.17	0.073
Scytosiphon lomentaria	23.5	9.9	8.7	31.9	10.7	2.5	1.80	–	1.49	1.40	0.19	0.053
Eisenia bicyclis	14.9	14.8	22.1	15.0	9.0	–	0.90	1.10	0.10	0.10	0.10	0.097
Hizikia fusiforme	20.6	16.9	34.3	17.2	9.9	–	0.90	1.14	0.16	0.20	0.08	0.109
Sargassum ringgoldianum	14.4	2.2	17.4	20.8	10.7	–	0.75	1.48	0.11	0.10	0.06	0.097
S. tortile	13.5	2.7	5.4	28.8	8.7	–	0.70	1.98	0.11	0.08	0.17	0.066
S. thunbergii	20.7	8.8	20.9	26.2	9.7	6.8	1.10	1.65	0.71	1.03	0.32	0.122
Rhodophyta												
Gelidium amansii	7.7	0.2	0.3	7.0	5.3	3.3	0.90	0.09	0.36	0.14	0.16	0.177
Acanthopeltis japonicus	12.1	1.8	1.8	1.1	4.8	–	1.05	0.02	0.23	0.32	0.17	–
Carpopeltis flabellata	13.8	10.7	6.5	3.8	7.8	–	1.20	–	0.30	0.24	0.17	0.055
Gloiopeltis tenax	11.5	–	–	5.1	3.3	–	–	0.03	0.16	–	0.08	0.034
Gymnogongrus flabelliformis	12.5	–	–	2.8	4.2	–	–	0.09	0.28	–	0.12	0.217
Chondrus ocellatus	18.4	–	–	8.3	10.8	–	–	–	0.43	–	0.17	0.076

감태류로부터 2,-hydroxy-3-sulfopropyl-5-deoxy-5-(dimethyl arsenoso) furanoside와 2,3-dihydroxypropyl-5-(dimethyl arsenoso) furanoside가 분리되었다. 해양 동물계에 널리 분포하는 aresenobetain을 포함한 이들 유기태 비소는 무기태 비소 혹은 arsenite화합물보다 독성이 훨씬 낮다.

해조의 셀레니움 함량은 0.04 ~ 1.1ppm이다. 일반적으로 셀레니움은 생물학적 반응을 통하여 황산기가 치환되어 함황아미노산 혹은 황화합물로 전환된다. 김(*Porphyra yezoensis*)에 함유되어 있는 셀레니움의 약 90%는 뜨거운 70% 알콜 용액과 물에도 녹지 않는다. 셀레니움은 녹조(0.053 ~ 0.264ppm) 혹은 갈조(0.014 ~ 0.135ppm)에 비하여 홍조(1.254 ~ 0.434ppm)에 많이 함유되어 있다.

5 지질

해조의 지질 함량은 건물 기준으로 단지 1 ~ 2%에 지나지 않아 에너지원으로 이용하기에는 미미하다. 고도 불포화 지방산은 인체 영양학적 측면에서 유용하다. 표 8-17은 해조의 지질 함량을 나타낸 표이다.

갈조류와 홍조류는 $C_{20:4}$와 $C_{20:5}$ 지방산을 다량 함유하고 있고, 녹조는 $C_{18:3}$과 $C_{18:4}$ 지방산을 다량 함유하고 있다. 일반적으로 녹조는 C_{18} 지방산을, 갈조는 C_{16}, C_{18}, C_{20} 지방산을, 그리고 홍조는 C_{20} 지방산을 다량 함유하고 있다.

식용 해조 스테롤은 건물 기준으로 4 ~ 138 mg% 함유되어 있다. 홍조류는 비록 몇몇 종은 desmosterol 또는 22-dehydrocholesterol을 다량 함유하고 있지만 대부분의 경우 cholesterol이 주요 스테롤이다. 갈조류는 fucosterol이 주요 스테롤이다(그림 8-20). 그러나 녹조류의 sterol은 홍조류와 갈조류에 비하여 매우 다양하고 복잡하다. 즉, 육상 식물과 마찬가지로 chondrillasterol, prorifera ste rol, 28-isofucosterol, ergoostero l, c-holesterol 등을 함유하고 있다.

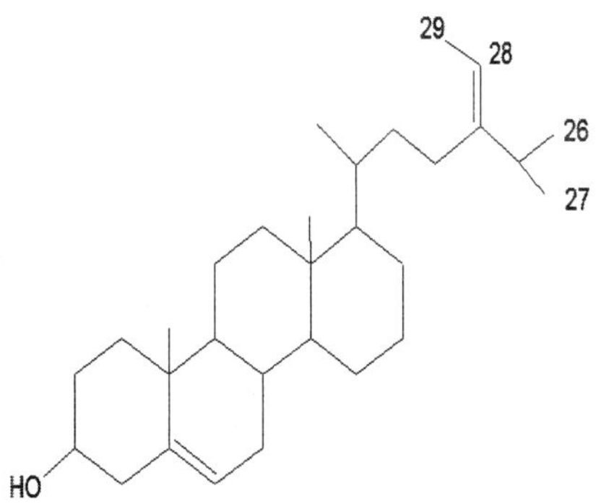

그림 8-20 fucosterol

표 8-17 해조 지질의 지방산 조성 (%)

Fatty acid	Green seaweed		Brown seaweed		Red seaweed	
	Enteromorpha intestinalis	*Ulva lactica*	*Fucus vesicurosus*	*Ascophyllum nodosum*	*Schizymenia dubyi*	*Chondrus crisps*
C 12:0	0.1	0.2	0.1	0.1	0.1	0.2
C 14:0	0.8	0.4	8.8	7.1	1.4	2.1
C 15:0	0.3	0.1	-	-	-	-
C 16:0	12.5	17.9	11.2	11.0	22.0	17.6
C 16:1	2.6	1.1	1.2	2.3	2.9	4.6
C 16:2	0.8	0.3	0.3	0.5	Trace	2.4
C 16:3	2.9	1.3	0.3	0.4	0.3	1.0
C 16:4	15.7	17.8	0.7	0.3	0.4	3.3
C 18:0	0.7	0.1	0.2	0.4	0.5	1.0
C 18:1	9.4	9.3	17.1	34.4	4.6	11.2
C 18:2	5.6	1.6	9.1	7.9	1.9	3.5
C 18:3	21.4	17.1	8.3	4.3	3.2	6.3
C 18:4	16.9	24.2	7.8	4.3	3.0	5.6
C 20:0 C 20:1]	0.5	0.1	0.9	0.5	1.3	0.4
C 20:2	0.2	0.2	0.7	2.5	0.3	0.4
C 20:4	2.4	1.2	13.8	9.9	7.9	12.9
C 20:5	2.3	2.1	15.7	5.2	49.8	26.4
C 22:0 C 22:1]	0.7	0.6	0.5	0.7	0.1	0.2
C 22:4	0.8	0.5	Trace	0.4	Trace	Trace
C 22:5	2.6	2.2	1.9	1.2	Trace	0.1
C 22:6	Trace	0.4	Trace	0.3	Trace	Trace
C 24:0 C 24:1]	0.1	0.2	0.1	0.3	Trace	0.1

6 비타민

해조류는 다양한 비타민을 함유하고 있어 육상 야채와 더불어 인체의 중요한 비타민 공급원이다.

가. 지용성 비타민

녹조류인 파래와 홍조류인 김은 β-carotene(pro-vitamine A)을 건물 100g당 약 22 ~ 25mg을 함유하고 있어 녹황 야채 보다 함유량이 오히려 높다.

α-tocopherol은 전 해조류에 7 ~ 220 ppm정도로 분포하고 있으나 녹조와 홍

조에는 비교적 적게 함유되어 있다.

*Fucaceae*과의 해조에는 α-tocopherol(80 ~ 220ppm), γ-tocopherol, δ-toco-phe- rol의 함량이 비교적 높다(표 8-18). *Ascophyllum nodosum, Fucus vesiculosus, F. serratus, Pelvetia canaliculata*의 경우 tocopherol의 함량이 계절에 따라 변화가 심하여 겨울에 채취한 시료가 여름에 채취한 시료의 약 2배에 달한다.

표 8-18 해조의 tocopherol 함량(mg/kg dry matter)

Seaweed	Tocopherols			
	α	β+γ	δ	Total
Chlorophyta				
Entermorpha intestinalis	92			92
Ulva lactuca	35			35
Phaeophyta				
Alaria esculenta	30			30
Laminaria digitata	9			9
L. hyperborea	10			10
L saccharina	7			7
Ascophyllum nodosum	80-160	60-100	110-250	250-510
Fucus serratus	120-200	60-150	100-250	300-600
F. spiralis	138	70	148	356
F. vesiculosus	100 170	40-100	100-200	250-480
Pelvetia canaliculata	150-220	70-140	120-320	350-650
Rhodophyta				
Gigartina stellata	35			35
Polysiphonia fastigiata	80			80
Rhodymenia palmata	35			35
Porphyra umbilicalis	<10			<10
Odonthalia dentata	20			20
Rhodomela subfusca	34			34

나. 수용성 비타민

해조의 수용성 비타민 함량은 표 8-19 및 8-20과 같다. 해조 비타민 B 그룹 중 inositol, folic aicd, B_1(thiamine)의 함량은 동물과 야채에 비하여 낮으나 B_{12}, B_2(riboflavin), nicotinic aicd, biotine, pantothenic acid, lipoic aicd, choline의 함량은 동등하거나 오히려 높다. 특히 동물에서만 존재한다고 알려져 왔던 B_{12}

가 김속에 다량 존재한다는 점이 특이하다. 김속에 있어서 riboflavine의 조성은 flavin adenine dinucleotide가 전체 riboflavine의 90%이상을 차지하고 다음으로 flavin mononucleotide가 10%전후, 그리고 나머지는 미량의 free riboflavin 형태로 존재한다. 이러한 riboflavine의 존재 형태는 식물과는 판이하게 다르며 동물과 유사한 조성이다.

비타민 C도 해조 건물당 약 20 ~ 100mg%를 함유하고 있는 데 녹조의 경우 20 ~ 70mg%, 갈조의 경우 20 ~ 100mg%, 홍조의 경우 20 ~ 90mg% 정도 함유하고 있다. 특히 마른 김의 비타민 C의 함량은 건조 후의 보존법에 따라 민감하게 감소하므로 저장 중 변질 지표로 활용이 가능하다.

표 8-19 해조의 수용성 비타민 함량 (mg%, 건물기준)

해조명	비타민 A효력(IU)	B1	B2	나이아신	B6	B12	콜린	이노시톨	폴릭에시드	C
파래	13,000	0.60	2.05	6.5		0.01	41.7	1.0	0.042	43.2
다시마	622	0.53	0.41	1.6	0.03	0.0033		+	0.14	28.0
톳	360	0.01	0.16	2.1			3.3	32.8	0.02	
미역	2,100	0.34	1.32	9.2						17.2
김	16,000	1.29	3.82	11.0	1.04	0.092	292	6.2	0.009	112.5

표 8-20 해조의 비타민 B 그룹 함량 (μg/g matter)

Vitamins	Contents (μg/g)	Available species
Thiamine	0.2-4.60	*Gracilaria textorii, Chondrus ocellatus*
Riboflavin	0.84-23.1	*Porphyra tenera, Gelidium amansii,*
Niacin	3.51-68.3	*Porphyra tenera, Gracilaria textorii*
Pantothenic acid	0.25-12.2	*Gracilaria textorii, Sargassum thunbergii*
Choline	24.0-4885.0	*Gelidium amansii, Porphyra tenera*
Inositol	55.0-1131.0	*Gelidium textorii(R),*
Folic acid	46.0-857.1*	*Gelidium amansii(R)*
Biotin	18.0-294.0*	*Porphyra tenera, Hizikia fusiforme)*
Lipoic acid	90.0-985.0*	*Porphyra tenera, Chondrus ocellatus*
B_{12}	3.3-290.8*	*Porphyra tenera,*

*: ng/g dry matter

7 향기 성분

수확 직후의 해조는 냄새가 나지 않으나 시간이 지남에 따라 자체 효소 반응, 화학 반응 및 미생물 작용을 통하여 독특한 냄새 성분을 생성한다. 생선 비릿내로 잘 알려져 있는 ammonia, methylamine, trimethylamin(TMA) 뿐 아니라 TMA의 전구물질인 trimethylamine oxide(TMAO)도 해조에서 검출된다.

마른 파래류와 김을 구울 때 나는 냄새는 dimethylsulfide(DMS)가 주성분이다. DMS는 효소 혹은 알칼리 작용에 의하여 dimethyl-β-propiothetin(DMPT)으로 부터 생성된다(그림 8-20). DMS와 DMPT의 함량은 표 8-21과 같다. 대체로 녹조류가 갈조나 홍조류에 비하여 DMS나 DMPT의 함량이 높다. 식용 해조의 수증기 증류 획분에는 육상 식물과 유사하게 단쇄 지방산, 알칸과 더불어 cineol, lialool,geraniol, limonene, pinene과 같은 terpen류가 검출되었다.

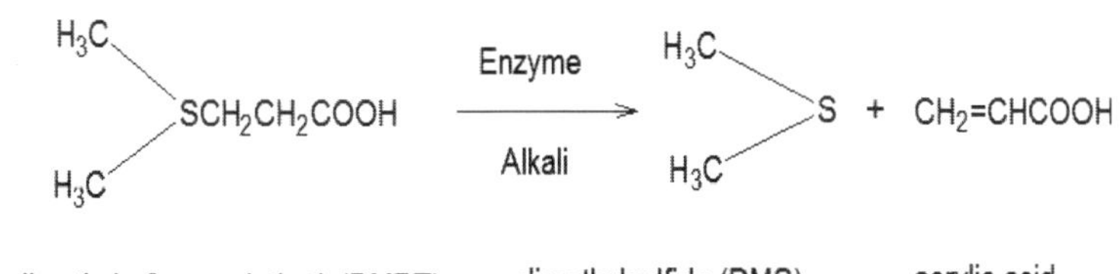

그림 8-20 Dimethylsulfide(DMS)의 생성

8 색소

태양의 빛 에너지를 흡수하여 분자의 화학적 에너지로 전환하는 작용을 광합성 작용이라 한다. 해조의 경우도 육상 식물과 마찬가지로 에너지를 얻기 위해 광합성 작용을 하는데 이를 위해 여러 색소를 함유하고 있다(표 8-22).

이중 chlorophyll a는 광합성 작용에 가장 중요한 역할을 담당한다. 또 다른 파장의 광 에너지를 흡수하여 분자 여기 에너지로 chlorophyll a로 전달하는 보조 색소류 중, 갈조류는 카로테노이드(carotenoid)의 일종인 퓨코잔틴(fucoxanthin)을 다량 함유하고 있어 여색의 갈색을 띈다. 홍조류는 수용성이며 선홍색인 피코에리스린(phycoeruthrine), 청색의 피코시아닌(phycocyanin), 남청색의 알로피코시아닌(allophycocyanin)을 함유하고 있어 조체의 색이 적자색을 띈다. 따라서 해조는 조체에 함유되어 있는 광합성 색소의 차이에 따라 분류된다.

표 8-21 해조의 dimethylsulfide(DMS)와 dimethyl-β -propiothetin(DMPT)함량

(㎍/g on a wet basis)

Seaweed	DMS	DMPT
Chlorophyta		
Ulva pertusa	1.150	339.0
Enteromorpha spp.	5.800	450.0
Monostroma nitidum	3.200	286.0
Cladophora wrightiana	0.035	1.36
Phaeophyta		
Undaria pinnatifida	+	0.25
Sargassum ringgoldianum	0.012	0.47
S. horneri	0.010	0.55
Eisenia bicyclis	0.013	0.64
Ecklonia cava	+	1.36
Rhodophyta		
Gelidium amansii	0.027	3.40
Plocamium telfairiae	0.013	1.20
Gracilaria textorii	0.480	46.60
G. bursa-pastoris	0.840	3.80
Pachymeniopsis elliptica	0.050	3.40
Gloiopeltis complanata	0.180	3.40

가. Chlorophyll

Chlorophyll a, b, c, d는 **그림 8-21**과 같이 링의 중심에 마그네슘을 함유한 porphyrin 색소로 porphyrin 링에 고급 불포화 알콜인 피톨이 결합되어 있어 엽록소 막 속에 지질과 소수성 단백질과 함께 회합되어 있다. 따라서 알콜류, 디에틸 에테르, 벤젠, 아세톤 등의 유기용매에 녹는 성질이 있다. 디에틸 에테르 중에서는 최대흡수 파장(nm)이 chlorophyll a가 662, b가 644, c가 628, d가 699로 흡수 스펙트럼은 chlorophyll의 종류와 용매에 따라 다르다.

Chlorophyll a는 적색대(최대 흡수파장 680nm)와 청색대(최대 흡수파장 430nm)를 흡수하므로 여색인 녹색을 띄며 해조에 광합성의 주성분으로 널리 분포한다. 그러나 chlorophyll a는 500nm부근의 빛을 거의 흡수할 수 없다. 따라서 녹조의 경우는 chlrophyll a에 비하여 청색대의 흡수 파장이 장파장 측으로, 적색부의 흡수파장이 단파장 측으로 지우쳐 있는 chlorophyll b를 이용하여 chlorophyll a가 흡수하지 못하는 광에너지를 이용한다고 추측된다.

표 8-22 해조의 색소 분포

Pigment	Green seaweed	Brown seaweed	Red seaweed
Chlorophylls			
a	+	+	+
b	+	−	−
c	−	+	−
d	−	−	a
e	−	−	−
Carotenoids			
α-carotene	a		+
β-carotene	+	+	+
γ-carotene	+		
Xanthophylls			
Lutein	+	+	+
Violaxanthin	+	+	−
Neoxanthin	+	−	−
Astaxanthin	+	−	−
Fucoxanthin	−	+	−
Diatoxanthin	−	+	−
Taraxanthin	−	−	+
Biliproteins			
Phycoerythrin	−	−	+
Phycocyanin	−	−	+

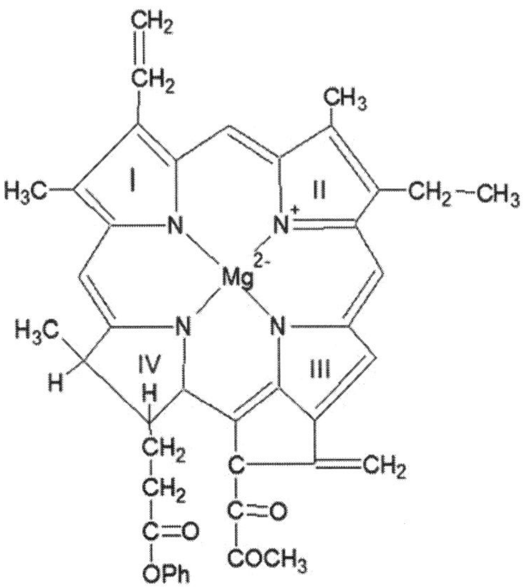

b : II - 3 ; -CHO

C_1 : IV - 7 ; -CH = CHCOOH

IV - 7, 8 ; double bond

C_2 : IV - 7 ; -CH = CHCOOH

IV - 7, 8 ; double bond

II - 4 ; -CH = CH_2

d : I - 2 ; -CHO

ph ; pytol($C_{20}H_{39}$)

그림 8-21 Chlorophyll a의 구조

갈조류에는 chlorophyll c가 함유되어 있는데 chlorophyll b와 동일하게 chlorophyll a가 흡수하지 못하는 광 에너지의 흡수를 돕는다. 다수의 홍조류에서 소량 검출되는 클로로필 d는 *Bangiales*목의 해조의 보조 색소라는 설도 있으나 생 엽체에서는 검출되지 않아 광합성에 관여하지 않는 것으로 여겨진다.

조체 중에 클로로필은 건물 기준으로 0.1 ~ 2.0% 함유되어 있으나 생육 환경, 품종에 따라 달라진다. 또한 제품의 보존 상태가 나쁠 경우 chlorophyll은 chlorophyllase, 과산화물의 작용 등으로 인하여 pheophytin, chlorophyride, pheophorbide, chlorin, rhodin 등의 에스테르 화합물로 변화하여 변색된다.

나. Carotenoids

녹조의 carotenoid 색소에는 고등식물의 색소와 유사하게 β-carotene, luteine, violaxanthin, neoxanthin, zeaxanthin, antheraxanthin이 함유되어 있으며 또한 미량의 α-carotene, β-cryptoxanthin, lutein-epoxide도 존재한다. 또한 깊은곳(10~20m)에 생육하는 녹조에 함유되어 있는 siphonaxanthin은 녹색을 흡수하므로 깊은 곳에 서식하는 해조의 광합성에 관여하는 것으로 추측된다.

갈조류의 catotenoid 주요 색소에는 β-carotene, violaxanthin이 함유되어 있고 luteine 대신에 fucoxanthin이 β-carotene의 수배에 달하게 다량 함유되어 있다. Fucoxanthin은 청록색부터 녹색까지의 광 에너지를 효율적으로 흡수하는 보조 색소이다.

홍조에는 β-carotene이 폭 넓게 분포하고 있고 소량의 α-carotene과 lutein과 zeaxanthin이 함유되어 있는 점이 녹조와 유사하다. 그러나 종에 따라 β-carotene, luteine, zeaxanthin과 함께 소량의 α- 또는 β-cryptoxanthin이 검출되기도 한다(그림 8-22). 해조의 carotenoid 함량은 다른 해조 색소와 동일하게 생육 환경, 계절에 따라 변동하며 건조 저장 중 감소한다.

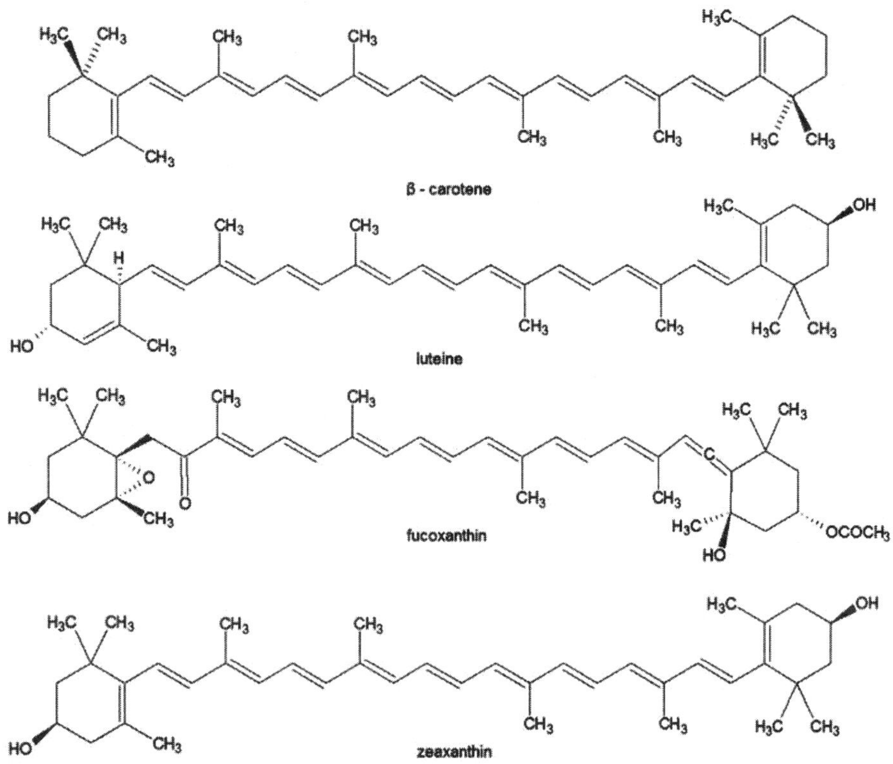

그림 8-22 해조의 주요 carotenoids

다. Phycobillin

홍조류는 광합성 보조효소로 수용성 phycobilliprotein을 가지며 흡수한 빛의 70 ~ 90%를 chlorophyll a에 전달한다. phycobillin 색소는 기본 구조가 동물의 담즙 색소와 유사하며 측쇄의 치환기가 다르다(그림 8-23). Phycobilliprotein은 수용성이므로 다른 해조 색소와 쉽게 분리된다. Phycobilliprotein은 크게 3 종류로 나누어진다. 첫째는 선홍색의 phycoerythrin으로 552nm에 최대 흡수대를 나타낸다. 그리고 청색의 phycocyanin은 615 ~ 620nm에 최대 흡수를 나타낸다. 그리고 양적으로 적은 청람색의 allophycocyanin은 620nm와 650nm에 최대 흡수대를 갖는다.

Phycobilliprotein은 모두 등전점이 4.3 부근의 산성 단백질로 α와 β의 서브 유닛으로 구성된 다량체이며 함량은 영양염, 일조량, 온도에 따라 달라지며 대체로 건물 기준으로 2 ~ 5%정도이다.

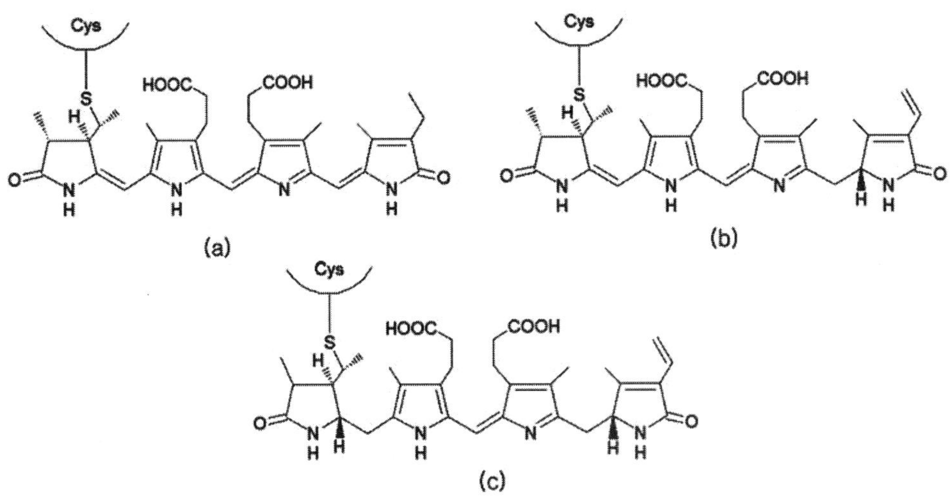

그림 8-23 Phycobilin 색소, (a) phycocyanin, (b) phycoerythrobilin, (C)phycourobilin

9 생리 활성 물질

인류는 오래 전부터 육상 식물로부터 약리성분 또는 독성분을 추출하여 이용하여 왔다. 특히 동양의 한의약에서는 식물을 귀중한 약재로 이용하고 있다. 바다의 식물인 해조는 식품으로 일부 이용될 뿐 약재로 이용된 예는 극히 일부에 지나지 않았다. 그러나 최근 해양 생물로부터 다양한 물질이 분리, 확인됨에 따라 해조는 새로운 생리활성 물질의 자원으로 인식되고 있다.

가. 구충성분

홍조류의 해인초(*Digenea simplex*)로부터 분리, 동정된 α-kainic aicd와 그 입체 이성체인 α-allokainic acid는 구충 작용을 나타낸다. 또한 홍조류의 개서실속의 *Chondria armata*로부터 분리한 domoic acid도 동일한 구충 효과를 나타낸다.

나. 혈압 강하 성분

다시마과의 *Laminaria angustata*로부터 분리한 laminine은 혈압 강하 효과가 있다. Laminine은 다시마과의 모든 해조에 널리 분포하고 함량은 0.04 ~ 0.34μM/g 이며 가장 많은 것은 *Laminaria angustata*에 건물 기준으로 6.43mg% 함유되어 있다. Laminine은 다시마류 뿐만 아니라 감태, 미역, 대황에도 존재하며 홍조류의 싹새기(*Ahnfeltia paradoxa*)류에도 존재한다. 마우스의 LD50 값은 정맥주사시 394mg/Kg이고 복강 주사시는 2.98 ~ 3.57g/kg이다.

다. 혈중 콜레스테롤 저하 작용

참홑파래(*Monostoroma nitidum*)와 김(*Porphyra yezoensis*)을 비롯한 해조에는 여러 종의 betaine이 함유되어 있다(그림 8-24). 이 중 참 홑 파래에서 분리한 β-homobetaine과 ulvaline이 혈중 콜레스테롤 저하 작용을 나타낸다. 특히 β-homobetaine의 효과가 뛰어나다. 또한 taurine도 콜레스테롤 저하 작용이 알려져 있는 데 김에는 다량의 taurine이 함유되어 있으므로 콜레스테롤 저하 효과가 기대된다.

해조의 지방산은 함량은 건물 기준으로 0.05 ~ 5%로 낮으나 $C_{18:3}$, $C_{20:5}$와 같은 고도 불포화 지방산이 전체 지방산의 과반수를 차지하고 있다.

이 중 EPA($C_{20:5}$)는 혈중 총 콜레스테롤 및 중성 지질 함량 저하 작용이 있어 해조류의 콜레스테롤 저하 효과가 기대된다. 또한 동물 실험의 경우 해조 지방성분 중 특히 모자반류에서 추출한 스테롤이 혈중 콜레스테롤 저하 효과가 우수하였는데 이는 갈조류에 다량 함유되어 있는 fucosterol 때문으로 추측된다.

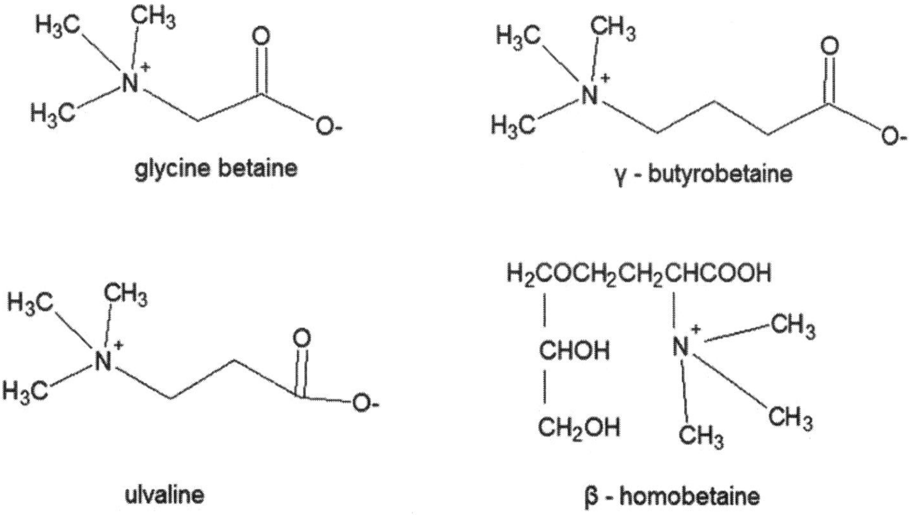

그림 8-24 해조 베타인류

라. 항혈액응고 작용

갈조류에 함유되어 있는 fucoidan의 항혈액응고 작용은 최초로 Springer 등 (1957)이 *Fucus vesiculosus*로 부터 추출한 조 퓨코이단의 항혈액응고 작용을 밝힌 이후 여러 갈조로 부터 추출한 fucoidan도 항혈액응고 작용이 있음이 밝혀졌다. 분자량 및 황산기 함량에 따른 항혈액응고 효과는 분자량 10,000에서 30,000사이가 가장 높은 활성을 나타내고 그 이상에서는 오히려 감소하며 황산기의 함량이 감소함에 따라 활성도 감소한다. 퓨코이단의 항혈액응고 작용은 항혈액응고 작용을 나타내는 다른 다당인 heparin과 dermatin sulfate와 같이 thrombin의 활성을 억제하여 혈액응고를 저지한다.

마. 항 종양 활성

해조 열수 추출액이 항종양활성을 나타낸다고 밝혀진 이 후 Ehrlich 암종양 세포에 항종양 활성을 나타내는 모자반류의 열수 추출액의 활성획분이 퓨코이단으로 밝혀졌다. 퓨코이단의 항종양 활성의 기작은 숙주의 면역 방어 기능을 활성화시키므로서 항 종양활성을 나타낸다고 보고되고 있으나 아직도 정확히 밝혀지지는 않은 상태이다.

바. 항궤양 활성

궤양은 Shay 궤양과 stress 궤양으로 나누어진다. 참김(*Porphyra tenera*)에서 분리한 porphysin은 shay성 궤양의 저지 작용이 있고, 꼬시래기류(*Gracilaria verrucosa*)에서 분리한 vercoyosin은 stress 성 궤양의 저지 작용을 나타낸다.

사. 항균작용

가) 지방산 관련 물질

Gram 양성과 음성균에 항균성을 나타내는 acrylic acid는 해조로부터 최초로 분리된 항균 물질이다. Acrylic acid는 냄새성분인 DMS의 전구물질인 DMPT (dimethylpropiothetin)가 효소 및 미생물 작용에 의하여 분해되어 생성된다.

그리고 linoleic acid, palmitic acid도 항균력이 보고되고 있으며, *Sargassum natans, Chondris littoralis, Cympolia barbata*에서 분리한 휘발성 유기산의 일종인 sarganin도 항균성이 보고되고 있다.

나)Terpenoid

Terpene은 일반적으로 essential oil 중에 있는 C_5H_8($C_{10}H_{16}$ monoterpene, $C_{15}H_{24}$ sesquiterpene, $C_{20}H_{32}$ diterpene) 의 분자식을 가지고 있는 탄화수소를 지칭한다. 홍조류인 *Plocamium violaceum*으로부터 분리한 Monoterpene은 곰팡이인 *Cladosporium cucumerium*에 활성을 나타낸다.

*Laurencia*로부터 분리한 페놀성 할로겐화된 terpene인 laurinterol과 isolaurinterol은 *Staphylococcus*나 *Mycobacterium*과 같은 세균에 강한 항균성을 나타낸다. Diterpene으로는 갈조의 *Dictyota hespera* 로부터 분리한 dolabellan, dictoyl E, amijiol, dictyodial 등이 있다. Diterpene은 주로 갈조류에서만 분리되었으나 최근에는 홍조인 *Sphaerococcus coronopifolius*로부터 gram 양성, 음성, 곰팡이에 강항 항균성을 나타내는 sphaericoccenol A가 분리되었다.

다) 브롬화합물

해조류에서 분리한 항균 물질의 대부분은 브롬 화합물이다. 비교적 강한 항균성을 가지는 화합물로는 홍조류인 *Odonthalia corymbifera*에서 분리한 2,2‘,3,3’-tetrabromo-4,4′5,5;-tetrahydroxydiphenylmethane과 Symphiocladia latiuscula에서 분리한 bis(2,3,4-tribromo-4,5-dihydroxybenzyl)ether가 있다.

라) 기타

탄닌의 일종인 phlorotannin은 갈조류에 널리 분포하는데 *Vibrio, Pseudomonas,* 효모균등에 항균성을 나타낸다.

홍조류인 *Chondria californica*로부터 분리한 함황 화합물인 4-dioxo-1,2,4,6-tetrathiepane, 1,2,4,6-tetrathiepane, lenthionene은 항균활성을 나타낸다. 그리고 해조에 다양하게 분포하고 있는 할로겐화합물, 알긴산, 페놀류등도 항균성을 나타낸다.

아. 응집소

적혈구나 임파구등의 각종 세포의 응집 활성을 가지고 있는 당단백질을 lectin이라고 부른다. lectin은 생물계에 널리 분포하는데 해조에도 녹조, 홍조, 갈조류 모두 분포한다. 해조 lectin은 분자량, subunit 구조등이 육상 식물의 lectin과 다르다. 또한 해조 lectin은 사람의 적혈구보다 토끼등의 동물 적혈구나 임파구, 마우스의 종양세포, 해양세균에 강한 응집활성을 나타낸다. 또한 육상 식물의 lectin과 달리 단당류에 의한 활성 저해가 없고 당 단백질의 N 말단을 인식하는 특징이 있어 복합다당의 구조 해명에 유효한 수단이 될 것으로 기대된다.

참고문헌

변재형 · 전중균 공역 : 수산이용화학, 수학사(1994)

大石圭一 : 海藻の科學, 朝倉書店(1993)

山口勝己 : 水產生物化學, 東京大學出版部(1991)

Roy L. Whistler : Industrial gums, Academic press(1973)

Peter Harris : Food gels, Elsevier applied science(1990)

Chapman : Seaweeds and their uses, Methuen(1970)

渡部終五 : 水圈生化學の基礎 恒星社厚生閣(2008)

www.fmcbiopolymer.com

도정룡 외 3인 : J. korean Fish Soc, 30, 291-296(1997)

Haug, A 외 2인 : Acta. chem. scand. 17-1466(1963)

www.asenbiodiversity.info/Abtract/51009590pd5

찾아보기